세상에서 가장 쉬운 과학 수업

기후물리학

세상에서 가장 쉬운 과학 수업
기후물리학

ⓒ 정완상, 2025

초판 1쇄 인쇄 2025년 9월 8일
초판 1쇄 발행 2025년 9월 15일

지은이 정완상
펴낸이 이성림
펴낸곳 성림북스

책임편집 노은정
디자인 쏘울기획

출판등록 2014년 9월 3일 제25100-2014-000054호
주소 제주특별자치도 제주시 한경면 고산서3길 135
대표전화 064-772-5762
팩스 064-773-5762
이메일 sunglimonebooks@naver.com

ISBN 979-11-93357-97-2   03400

* 책값은 뒤표지에 있습니다.
* 이 책의 판권은 지은이와 성림북스에 있습니다.
* 이 책의 내용 전부 또는 일부를 재사용하려면 반드시 양측의 서면 동의를 받아야 합니다.

노벨상 수상자들의 **오리지널 논문**으로 배우는 과학

세상에서 가장 쉬운 과학 수업
기후물리학

정완상 지음

온도계의 탄생에서 지구 시스템 모델까지
기후물리학자 하셀만이 바꾼 과학의 패러다임을 만나다

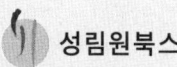

CONTENTS

추천사	008
천재 과학자들의 오리지널 논문을 이해하게 되길 바라며	011
기후를 통계물리학으로 다룬 하셀만 _ 복잡계 연구로 노벨 물리학상 받은 파리시 박사 깜짝 인터뷰	016

첫 번째 만남
지질학의 탄생과 진화 / 019

지질학의 뿌리를 찾아서 _ 고대 그리스에서 시작된 지구 이야기	020
지구의 비밀을 풀다 _ 중세와 르네상스 지질학자들의 여정	026
지층에 새겨진 지구의 연대기 _ 스테노와 지층누중의 법칙	032

지구는 몇 살일까? _ 지구의 나이를 계산한 뷔퐁　036
지구의 기원을 물에서 찾다 _ 베르너의 수성론　040
지구는 끓고 있다 _ 화성론과 허턴의 동일과정설　042

두 번째 만남

지구의 퍼즐을 맞춘 사람들 / 045

대륙은 움직인다 _ 베게너와 대륙이동설의 탄생　046
판게아를 상상한 사람들 _ 대륙이동설의 기원을 찾아서　054
드러나는 지구 속 _ 지진파를 발견한 과학자들　059
지구 내부를 가르다 _ 불연속면을 발견한 과학자들　062
지구의 심장을 발견하다 _ 내핵을 밝혀낸 잉게 레만　067
지구는 퍼즐이다 _ 판구조론으로 보는 지구의 비밀　072

세 번째 만남

기상학, 날씨를 과학으로 담다 / 077

하늘을 읽은 철학자들 _ 고대 그리스의 기상학　078
안티크톤에서 구름까지 _ 중세 기상학의 여정　081
공기의 무게를 측정하다 _ 토리첼리와 대기압의 발견　085
공기의 무게를 증명하다 _ 파스칼과 괴리케의 대기압 실험　089
구름 너머의 진실 _ 알프스를 오른 대기과학의 선구자 소쉬르　096

구름에 이름을 붙이다 _ 하워드가 본 하늘의 질서　　　　　　　　　101
뜨거워지는 도시, 흐려지는 하늘 _ 열섬과 스모그 현상　　　　　108

네 번째 만남
대기권 발견과 구름 위의 과학자들 / 113

구름 위로 간 사람들 _ 열기구와 대기과학의 탄생　　　　　　　114
하늘을 나눈 선 _ 성층권 발견 이야기　　　　　　　　　　　　121
보이지 않는 하늘의 경계선들 _ 오존층에서 열권까지　　　　　125
하늘은 왜 층층이 나뉠까? _ 대기권의 과학적 구조　　　　　　129

다섯 번째 만남
기상학의 역사와 그 선구자들 / 135

눈에 보이는 바람의 언어 _ 보퍼트, 바람을 분류하다　　　　　136
신의 분노에서 과학적 예측으로 _ 태풍 연구의 역사　　　　　139
날씨를 읽는 과학의 탄생 _ 일기예보의 역사　　　　　　　　143
현대 기상학의 뿌리를 찾아서 _ 일기예보의 아버지 피츠로이　146

여섯 번째 만남
불확실성 속의 과학, 하셀만의 논문 속으로 / 155

비는 쟁기를 따를까? _ 기후변화에 대한 인식의 변천사   156
빙하가 남긴 흔적 _ 루이 아가시와 빙하기 이론의 탄생   160
열을 가두는 공기의 정체 _ 온실효과의 과학적 기원   166
온실효과의 숨겨진 선구자 _ 유니스 푸트의 빛나는 발견   171
기후변화를 물리학으로 예측하다 _ 마나베와 기후모델 실험   175
기후를 확률로 예측하다 _ 하셀만이 밝혀낸 불확실성 속의 질서   178

만남에 덧붙여 /185

Thermal Equilibrium of the Atmosphere with a Given Distribution of Relative Humidity_마나베 논문 영문본   186
Stochastic climate models Part I. Theory_하셀만 논문 영문본   205
위대한 논문과의 만남을 마무리하며   218
이 책을 위해 참고한 책과 논문들   220
노벨 물리학상 수상자들을 소개합니다   224

과학을 처음 공부할 때 이런 책이 있었다면 얼마나 좋았을까

남순건(경희대학교 이과대학 물리학과 교수 및 전 부총장)

21세기를 20여 년 지낸 이 시점에서 세상은 또 엄청난 변화를 맞이하리라는 생각이 듭니다. 100년 전 찾아왔던 양자역학은 반도체, 레이저 등을 위시하여 나노의 세계를 인간이 이해하도록 하였고, 120년 전 아인슈타인에 의해 밝혀진 시간과 공간의 원리인 상대성이론은 이 광대한 우주가 어떤 모습으로 만들어져 왔고 앞으로 어떻게 진화할 것인가를 알게 해주었습니다. 게다가 우리가 사용하는 모든 에너지의 근원인 태양에너지를 핵융합을 통해 지구상에서 구현하려는 노력도 상대론에서 나오는 그 유명한 질량−에너지 공식이 있기에 조만간 성과가 있을 것이라 기대하게 되었습니다.

앞으로 올 22세기에는 어떤 세상이 펼쳐질지 매우 궁금합니다. 특히 인공지능의 한계가 과연 무엇일지, 또한 생로병사와 관련된 생명의 신비가 밝혀져 인간 사회를 어떻게 바꿀지, 우주에서는 어떤 신비로움이 기다리고 있는지, 우리는 불확실성이 가득한 미래를 향해 달려가고 있습니다. 이러한 불확실한 미래를 들여다보는 유리구슬 역할을 하는 것이 바로 과학적 원리들입니다.

지난 백여 년간 과학에서의 엄청난 발전들은 세상의 원리를 꿰뚫어보았던 과학자들의 통찰을 통해 우리에게 알려졌습니다. 이런 과학 발전을 가능하게 한 영웅들의 생생한 숨결을 직접 느끼려면 그들이 썼던 논문들을 경험해보는 것이 좋습니다. 그런데 어느 순간 일반인과 과학을 배우는 학생들은 물론, 그 분야에서 연구를 하는 과학자들마저 이런 숨결을 직접 경험하지 못하고 이를 소화해서 정리해놓은 교과서나 서적들을 통해서만 접하고 있습니다. 창의적인 생각의 흐름을 직접 접하는 것은 그런 생각을 했던 과학자들의 어깨 위에서 더 멀리 바라보고 새로운 발견을 하고자 하는 사람들에게 매우 중요합니다.

저자인 정완상 교수가 새로운 시도로써 이러한 숨결을 우리에게 전해주려 한다고 하여 그의 30년 지기인 저는 매우 기뻤습니다. 그는 대학원생 때부터 당시 혁명기를 지나면서 폭발적인 발전을 하고 있던 끈 이론을 위시한 이론물리학 분야에서 가장 많은 논문을 썼던 사람입니다. 그리고 그러한 에너지가 일반인들과 과학도들을 위한 그의 수많은 서적을 통해 이미 잘 알려져 있습니다. 저자는 이번에 아주 새로운 시도를 하고 있고 이는 어쩌면 우리에게 꼭 필요했던 것일 수 있습니다. 대화체로 과학의 역사와 배경을 매우 재미있게 설명하고, 그 배경 뒤에 나왔던 과학 영웅들의 오리지널 논문들을 풀어간 것입니다. 과학사를 들려주는 책들은 많이 있으나 이처럼 일반인과 과학도의 입장에서 질문하고 이해하는 생각의 흐름을 따라 설명한 책은 없습니다. 게다가 이런 준비를 마친 후에 아인슈타인 같은 영웅들의 논문을 원래의 방식과 표기를 통해 설명하는 부분은 오랫동안 과학을 연구해온 과학자에게도 도움을 줍니다.

이 책을 읽는 독자들은 복 받은 분들일 것이 분명합니다. 제가 과학을 처음 공부할 때 이런 책이 있었다면 얼마나 좋았을까 하는 생각이 듭니다. 정완상 교수는 이제 새로운 형태의 시리즈를 시작하고 있습니다. 독보적인 필력과 독자에게 다가가는 그의 친밀성이 이 시리즈를 통해 재미있고 유익한 과학으로 전해지길 바랍니다. 그리하여 과학을 멀리하는 21세기의 한국인들에게 과학에 대한 붐이 일기를 기대합니다. 22세기를 준비해야 하는 우리에게는 이런 붐이 꼭 있어야 하기 때문입니다.

천재 과학자들의 오리지널 논문을
이해하게 되길 바라며

저는 2004년부터 지금까지 주로 초등학생을 위한 과학 수학 도서를 써왔습니다. 초등학생을 위한 책을 쓰면서 아주 즐겁지만, 한편으로 수학을 사용하지 못하는 점이 못내 아쉬웠습니다. 그래서 수식을 사용할 수 있는 일반인 대상 과학책을 써볼 기회가 저에게도 주어지기를 희망해왔습니다.

저는 1992년 KAIST(한국과학기술원)에서 이론물리학의 한 주제인 '초중력이론'으로 박사학위를 받고 운 좋게도 1992년 30세의 나이에 교수가 되어 현재까지 경상국립대학 물리학과에서 교수로 근무하고 있습니다. 저는 매년 20여 편 이상의 논문을 수학이나 물리학의 세계적인 학술지 『SCI 저널』에 게재합니다. 여가에는 취미로 집필 활동을 합니다.

그동안 일반인 대상의 과학서적들은 일반인 독자들이 수학 꽝이라고 생각하고 수식을 너무 피해 가는 것 아닌가 하는 생각이 들었습니다. 저는 일반인 독자들의 수준도 크게 높아졌고 수학을 피해 가지 말고 그들도 천재 과학자들의 오리지널 논문을 이해하면서 앞으로 도래할 양자(퀀텀) 시대와 우주여행 시대를 멋지게 맞이할 수 있게 도움을 줄 수 있을 거라는 생각에서 이 시리즈를 기획해보았습니다.

이 시리즈는 많은 일반인에게 도움을 줄 수 있다고 생각합니다. 선행학습을 통해 고교수학을 알고 있는 초·중등 과학영재, 현재 고등학생이면서 이론물리학자가 꿈인 학생, 현재 이공계열 대학생으로 양자역학과 상대성원리를 좀 더 알고 싶어 하는 사람, 아이들에게 위대한 물리 논문을 소개해주고 싶은 초·중·고 과학 선생님들, 전기·전자 소자, 반도체, 양자 관련 소자나 양자 암호시스템과 같은 일에 종사하는 직장인, 우주·항공 계통의 일에 종사하는 직장인, 양자역학과 상대성이론을 좀 더 알고 싶어 하는 실험물리학자, 어릴 때부터 수학과 과학을 사랑했던 직장인(특히 양자역학이나 상대성이론에 의한 우주이론에 관심 있는 직장인), 이론물리학자를 꿈꾸는 자녀를 둔 부모, 양자역학이나 상대성이론에 의한 우주이론을 통해 「인터스텔라」를 능가하는 영화를 만들고자 하는 영화 제작자, 양자역학이나 상대성이론에 의한 우주이론을 통해 웹툰을 만들고자 하는 웹튜너 등 많은 사람이 제가 이 시리즈를 추천하고 싶은 일반인들입니다.

저는 이 책에서 고등학교 정도의 수식을 이해하는 일반인들에게 초점을 맞추었습니다. 물론 이 시리즈의 논문에 고등학교 수학을 넘어서는 수학도 사용하지만, 고등학교 수학만 알면 이해할 수 있도록 설명했습니다. 이 책을 읽고 독자들이 천재 과학자들의 오리지널 논문을 얼마나 이해할지는 개인에 따라 다를 거로 생각합니다. 책을 다

읽고 100% 이해하는 독자도 있을 거고, 70% 이해하는 독자도 있을 거고, 30% 미만으로 이해하는 독자도 있을 거로 생각합니다. 제가 판단하기에 이 책의 30% 이상 이해한다면 그 독자는 대단하다는 생각이 듭니다.

이 책에서 저는 기후물리학에 관한 두 가지 논문(1967년 마나베, 1976년 하셀만)을 다루었습니다. 이 책을 쓰기 위해 두 논문을 수십 번 읽고 또 읽고, 어떻게 이 어려운 논문을 일반인들에게 알기 쉽게 설명할까, 고민 또 고민했습니다. 두 논문 모두 대학원에서 기후통계물리학을 전공하는 사람들만이 볼 수 있을 정도로 난해합니다. 이 논문이 어떤 내용인지 간단하게 추려서 일반인 독자들이 이해할 수 있도록 만들어보았습니다.

이 책은 지구과학 연구자 최초로 노벨 물리학상을 받은 두 사람의 연구를 다룹니다. 그러므로 지질학의 역사를 먼저 살펴보았습니다. 화성론, 수성론, 베게너 대륙이동설 등을 다루었습니다. 또한 지진파 발견과 이를 이용해 지구의 내부 구조를 발견한 역사를 다루었습니다. 다음으로 기상학의 역사, 그리고 대기압의 발견과 하워드의 구름 연구에 관한 이야기를 다루었습니다. 이와 함께 열기구를 이용해 성층권을 발견한 이야기도 알아보았습니다. 지구를 에워싸는 거대한 대기권이 대류권, 성층권, 중간권, 열권의 네 개 층으로 이루어져 있음을 알게 되었습니다. 일기예보의 역사와 보퍼트의 바람 연구, 태풍 연구의 역사도 함께 다루었습니다. 마지막으로 온실 기체의 발견에 대해 다루었고, 이를 물리학적으로 다루어 기후물리학을 만든 마나베와 하셀만의 이론으로 책을 마무리했습니다.

일반인들은 과학, 특히 물리학 하면 '넘사벽'이라고 생각합니다. 제가 외국 사람들을 만나서 얘기할 때마다 느끼는 점은 그들은 고등학교까지 과학을 너무 재미있게 배웠다는 사실입니다. 그래서인지 과학에 대해 상당히 많이 알고 있는 일반인들이 많았습니다. 그래서 노벨 과학상도 많이 나오는 게 아닐까 생각해요. 한국은 노벨 과학상 수상자가 한 명도 없는 나라입니다. 이제 일반인의 과학 수준을 높여 노벨 과학상 수상자가 매년 나오는 나라가 되었으면 하는 게 제 소망입니다. 일반인들의 과학 수준이 높아지면 교수들이 연구를 게을리하는 일은 없어지지 않을까요?

끝으로 용기를 내서 이 책의 출간을 결정해준 성림원북스의 이성림 사장과 직원들에게 감사를 드립니다. 이 책의 초안이 나왔을 때, 수식이 많아 출판사들이 꺼릴 것 같다는 생각을 많이 가졌습니다. 성림원북스를 시작으로 몇 군데 출판사에 출판을 의뢰한 후 거절당하면 블로그에 올릴 생각으로 글을 써 내려갔습니다. 놀랍게도 첫 번째로 이 원고에 관해 이야기를 나눈 성림원북스에서 이 책의 출간을 결정해주어서 이 책이 나올 수 있게 되었습니다. 이 책을 쓰는 데 필요한 프랑스 논문의 번역을 도와준 아내에게도 고마움을 표합니다. 그리고 이 책을 쓸 수 있도록 멋진 논문을 만든 하셀만 박사님에게도 감사를 드립니다.

진주에서 정완상 교수

기후를 통계물리학으로 다룬 하셀만
_ 복잡계 연구로 노벨 물리학상 받은 파리시 박사 깜짝 인터뷰

기자   오늘은 1976년 하셀만(Klaus Hasselmann) 박사님의 기후물리 논문에 관해, 2021년 복잡계 연구로 노벨 물리학상을 받은 파리시 박사님과 인터뷰를 진행합니다. 파리시 박사님, 나와주셔서 감사합니다.

Dr. 파리시   제가 존경하는 과학자인 하셀만 박사님의 논문에 관한 내용이라 만사를 제치고 달려왔습니다.

기자   하셀만 박사님은 파리시 박사님과 같은 해에 노벨상을 받으셨죠?

Dr. 파리시   그렇습니다. 저는 무질서한 물질과 복잡한 시스템에서 숨겨진 패턴을 발견한 공로로 노벨 물리학상을 받았고, 하셀만 박사님은 마나베 박사님과 함께 기후물리학 연구로 노벨 물리학상을 받았습니다.

기자   마나베 박사님과 하셀만 박사님은 지구과학 연구자로는 최초로 노벨상을 받았다는데, 사실인가요?

Dr. 파리시   그렇습니다. 기후나 지구온난화는 지구과학의 연구 대상입니다. 두 박사님은 물리학을 이용해 기후와 지구온난화 문제를 연구해 노벨 물리학상을 받았지요.

기자   마나베 박사님의 연구 내용은 뭔가요?

Dr. 파리시 이산화탄소가 지구의 온도를 어떻게 변화시킬까, 하는 문제였습니다. 그 질문에 답하기 위해 마나베 박사님은 대기의 층을 수직으로 나누고, 각 층마다 방사선 에너지와 수증기, 온도의 흐름을 컴퓨터로 시뮬레이션했는데, 이것이 바로 세계 최초의 수치 기후모델입니다. 박사님은 이산화탄소 농도를 두 배로 증가시킨 가상 시나리오에서 지표면 온도는 약 2.3도 상승한다는 결과를 얻었습니다. 마나베 박사님의 모델은 복잡한 기후 시스템을 단순화시키면서도 핵심 물리 법칙은 놓치지 않았습니다. 상대습도는 일정하다는 가정 아래 수증기의 증발과 응축, 대류와 복사, 기압과 온도의 상호작용을 정밀하게 계산했지요. 지구를 수식으로 설명한 최초의 시도였습니다.

기자 그렇군요.

기후를 수식으로 설명한 1976년 하셀만 논문의 의미

기자 그렇다면 하셀만 박사님의 1976년 논문에는 어떤 내용이 담겨 있나요?

Dr. 파리시 하셀만 박사님은 기후를 하나의 큰 시스템으로 보았습니다. 그 안에는 서로 다른 시간 규모의 현상들이 섞여 있지요. 박사님은 브라운운동을 떠올렸어요. 현미경 속에서 끊임없이 흔들리는 작은 입자들, 그 무작위의 움직임을 통계물리학 수식으로 설명해냈지요. 하셀만 박사님은 날씨도 하나의 브라운운동이라고 생각했어요. 그는 기후는 단순히 평균값의 그래프가 아니라 '노이즈 속의 신호'라는 것을 모델로서 처음 보여줬어요. 즉 무작위적인 대기의 변동은 장기적인 기후의 '모양'을 결정할 수 있고, 그 속에서 인간의 활동이라는 '신호'도 통계적으로 식별할 수 있지요. 박사님은 기후 속에 숨어 있는 이산화탄소 발자국, 화산 분출의 흔적, 태양 복사량의 미세한 변동을 지문처럼 분리해내는 이론적 도구를 만들어냈습니다.

기자 하셀만 박사님의 1976년 논문은 어떤 변화를 불러왔는지 궁금합니다.

Dr. 파리시 전에는 기후와 날씨를 별개로 여겼어요. 날씨는 복잡하고 불규칙한 것, 기후는 정적인 평균값으로요. 하지만 하셀만 박사님은 처음으로 기후를 날씨의 통계로 생각했어요. 기후 데이터는 너무도 복잡하지요. 태양 복사, 해류, 산호, 화산, 이산화탄소……. 그 안에서 '인간의 흔적'을 구분해낸다는 건 불가능해 보였어요. 박사님은 이 복잡함을 오히려 확률적으로 해석했지요. 그의 연구는 확률적 기후모델링(Stochastic Modeling), 기후 시나리오 기반 예측(Scenario-based Projection), 지문 검출 기법(Fingerprint Detection Method) 같은 기법들을 태동시켰고, 오늘날 기후모델링의 주류는 결정론적이 아닌, 통계물리학 기반으로 전환되었지요. 1976년 이전에는 "기후는 너무 복잡해서 알 수 없다"라는 말이 흔했지만 1976년 이후에는 "기후는 무작위적이지만 예측 가능한 방식으로 흔들린다"라는 새로운 말이 생겼지요.

기자 그렇군요. 지금까지 하셀만 박사님의 기후물리학 논문에 대해 파리시 박사님의 이야기를 들어보았습니다.

첫 번째 만남

지질학의 탄생과 진화

지질학의 뿌리를 찾아서 _ 고대 그리스에서 시작된 지구 이야기

정교수   이 책은 지구과학자 최초로 노벨상을 받은 과학자들의 이야기를 다룰 거야. 지구과학은 지질학, 해양학, 대기과학 등 여러 분야로 이루어져 있어. 그야말로 지구와 관련된 모든 것을 다루는 학문이지. 먼저 지질학의 역사에 관해 이야기해볼게.

물리군   지질학은 어떤 학문이죠?

정교수   지질학은 지구의 기원, 그리고 역사, 구조를 연구하는 학문이야. 우선 최초의 지질학자인 크세노파네스에 대해 알아볼게.

크세노파네스(Xenophanes, 기원전 570~기원전 478, 고대 그리스)

크세노파네스는 고대 그리스의 식민지인 이오니아의 콜로폰(Colophon)에서 태어나 25년을 살다가 그리스의 여러 도시를 돌아다니며 시를 쓴 떠돌이 시인이었다. 크세노파네스는 소크라테스 이전의 가장 중요한 철학자 중 한 명으로 꼽힌다. 매우 독창적인 사상가인 크세노파네스는 지구가 오래전에는 온통 바다로 덮여 있었고, 화석은 과거에 생존했던 생물의 유해로 생각했다.

최초의 지질학적 생각 중 일부는 지구의 기원에 관한 것이었다. 고대 그리스는 지구의 기원에 관한 몇 가지 주요 지질학적 개념을 만들어냈다. 기원전 4세기에 아리스토텔레스는 지구의 모습이 아주 천천히 변화하므로 사람의 일생 동안 그 변화를 관측할 수 없다고 생각했다. 아리스토텔레스는 퇴적에 의해 수면이 상승할 수 있으며 기후의 변화에 의해 육지가 바다가 되고, 바다가 육지가 될 수 있다는 사실을 처음 알아냈다.

물리군 지구과학 시간에 배운 내용과 비슷해요.

정교수 맞아. 고대 그리스의 과학자들은 화산에 대해 여러 가지 생각을 펼쳤어.

피타고라스 정리로 유명한 고대 그리스의 수학자 피타고라스는 화산을 땅속의 불이 밖으로 나오는 현상이라고 주장했다. 피타고라스 이후에도 그리스의 많은 철학자가 화산에 대해 언급했다. 엠페도클레스는 에트나 화산을 관찰하고 땅속은 용융상태일 것으로 생각했고 아리스토텔레스는 화산은 지구 속의 빈 공간이 열에 의해 뜨거워져 뜨거운 공기가 암석과 함께 분출되는 현상이라고 생각했다.

물리군   최초의 화산은 언제 일어났죠?

정교수   그건 알 수 없어. 인류가 발생하기 훨씬 전부터 화산 폭발은 있었을 테니까. 기록에 남아 있는 가장 오래된 화산 폭발에 대한 기록은 튀르키예 아나톨리아의 Çatal Höyük에 있는 신석기 유적지에서 발견된 기원전 7000년경의 벽화에 나타나 있어.

튀르키예 아나톨리아의 신석기 유적 벽화에 그려진 화산 폭발 장면

물리군   지구과학에서는 광물에 대해서도 배워요.

정교수   최초로 광물에 관해 연구한 고대 그리스의 지질학자 테오프라스토스 이야기를 해볼게.

테오프라스토스(Theophrastus,
기원전 371~기원전 287, 고대 그리스)

테오프라스토스는 고대 그리스 철학자이자 자연주의자였다. 레스보스의 에레소스 출신인 그는 아리스토텔레스의 가까운 동료였고, 아리스토텔레스가 아테네에 세운 학원인 리케이온에서 아리스토텔레스의 뒤를 이어 교장이 되었다. 그는 철학의 모든 분야에 걸쳐 수많은 논문을 썼으며, 아리스토텔레스 체계를 지원, 개선하고 확장, 발전시키기 위해 노력했다. 또한 윤리학, 형이상학, 식물학, 자연사 등 다양한 분야에 상당한 공헌을 했다.

테오프라스토스는 어린 나이에 아테네에 왔고 처음에는 플라톤의 학교에서 공부했다. 플라톤이 죽은 후에는 아리스토텔레스에게 배웠고 아리스토텔레스가 아테네에서 추방되었을 때 리케이온의 수장이 되었다. 그는 식물에 관한 연구로 종종 식물학의 아버지로 간주된다.

테오프라스토스의 관심사는 생물학, 물리학, 윤리학, 형이상학 등 매우 광범위했다.

테오프라스토스가 쓴 『식물학』 표지

테오프라스토스는 『암석에 관하여』라는 책에서 여러 암석의 굳기에 대해 최초로 언급했다. 그는 또한 에메랄드, 자수정, 오닉스, 벽옥, 호박에 관해 연구했다. 물에 뜨는 돌인 부석이 화산에서 기원했다는 것을 알아냈고, 진주가

물에 뜨는 돌, 부석

조개류에서 나왔다는 것도 알아냈다. 게다가 유리 제조에 필요한 광물과 같은 다양한 돌의 실용적인 용도를 연구했다.

이후 로마 시대에 접어들어 플리니우스는 실용적인 목적으로 널리 사용되던 더 많은 광물과 금속에 대한 매우 광범위한 논의를 내놓았다.

테오프라스토스

플리니우스는 호박에 갇힌 곤충을 관찰함으로써 호박이 나무가 화석화된 수지라는 것을 알아냈다.

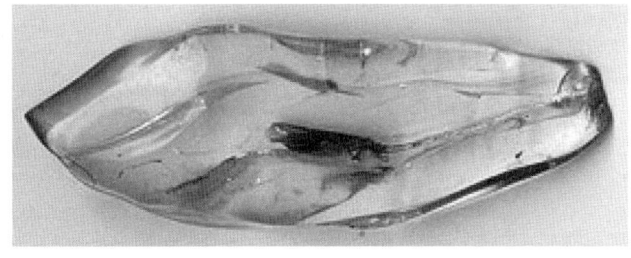

호박에 갇힌 곤충

지구의 비밀을 풀다 _ 중세와 르네상스 지질학자들의 여정

정교수 이제 중세 시대 지질학자들에 관해 이야기해볼게. 먼저 아랍 최초의 지질학자 이븐시나를 소개할게.

이븐시나(Ibn Sina, 980~1037)

이븐시나는 이슬람 세계의 저명한 철학자이자 의사였다. 980년경 트란스옥시아나의 아프샤나 마을에서 태어난 그는 10살 때 코란을 암기할 정도로 똑똑했다. 프톨레마이오스의 『알마게스트』와 유클리드의 『원론』을 독학으로 공부했고, 열여덟 살 때 그리스 과

이븐시나는 트란스옥시아나 출신의 철학자이자 의사다.

학에 대한 교육을 받았다.

17세가 되던 해, 이븐시나는 누 2세의 주치의가 되었다. 1014년경에는 레이(Ray)시로 가서 사이다 시린(Sayyida Shirin)을 섬기기 시작했다. 그곳에서 그는 궁정 의사로 일하면서 우울증을 앓고 있는 환자를 치료하고 『의학의 정전』과 『치유의 책』을 집필했다.

이븐시나가 쓴 『의학의 정전』

이븐시나는 이슬람 세계의 아리스토텔레스로 불리며, 지질학에 관해 많은 연구를 했다. 그는 산맥이 어떻게 생기는지, 지진이 왜 일어나는지, 광물이 어떻게 만들어지는지를 연구했다.

이븐시나는 『치유의 책』에서 산의 형성에 대해 다음과 같이 설명했다.

그것들은 격렬한 지진 중에 발생할 수 있는 것과 같은 지각 융기의 영향이거나 물의 영향으로, 그 자체로 새로운 경로를 끊고 계곡을 깎아내렸으며, 지층은 다른 종류로 존재하며 일부는 부드럽고 일부는 단단하다. 그러한 모든 변화가 이루어지기 위해서는 오랜 기간이 걸릴 것이며, 그 기간 동안 산 자체의 크기가 다소 줄어들 수 있을 것이다.

– 이븐시나

 중국 북송의 심괄은 항산맥에서 발견된 해양 화석을 이용하여 시간에 따른 지형과 해안의 이동과 같은 지질학적 과정을 설명했다. 그는 산시성 산베이 지역 옌안 지하에서 발견된 석화 대나무를 관찰하여 점진적 기후변화 이론을 주장했다. 또한 그는 산맥의 침식과 실트(모래와 점토의 중간 굵기를 가진 흙)의 퇴적으로 육지가 만들어졌다고 주장했다.

심괄(沈括, 1031~1095, 중국 북송)

이번에는 지질학의 창시자로 불리는 독일의 아그리콜라에 대해 알아보자.

게오르기우스 아그리콜라
(Georgius Agricola, 1494~1555, 독일)

아그리콜라는 1494년 독일 글라우하우(Glauchau)에서 태어났다. 12세에 그는 켐니츠(Chemnitz)와 츠비카우(Zwickau)에 있는 라틴어 학교에 입학했다. 1514년부터 1518년까지는 라이프치히 대학에서 신학, 철학, 문헌학, 그리스어와 라틴어를 공부했다.

아그리콜라는 일찍부터 '새로운 학문'을 추구하는 데 몰두했으며, 그 결과, 24세의 나이에 1519년에 설립된 츠비카우 그리스 학교의 고대 그리스어 특별 교장으로 임명되었다. 1523년에 아그리콜라는 이탈리아 볼로냐 대학과 파도바 대학에 입학하여 의학 공부를 마쳤으며, 1515년에는 베네치아의 유명한 인쇄소인 알딘 인쇄소(Aldine Press)에 입사했다.

아그리콜라는 1527년 요아킴스탈[1]에서 약제사로 일했다. 이 지역에서는 1516년에 상당한 양의 은광석 매장지가 발견되었고 당시에는 수백 개의 갱도가 있는 광산과 제련 공장이 있었다.

아그리콜라가 약제사로 일한 요아킴스탈은 상당한 양의 은광석 매장지였다.

1528년부터 아그리콜라는 광물학 연구를 시작했다. 그는 지역 조건, 암석 및 퇴적물, 광물 및 광석에 대한 논리적 체계를 구축했다. 그는 광석과 광물의 형성에 대한 메커니즘을 밝히려 시도했고, 1530년에 『야금에 대한 대화』(Bermannus, sive de re metallica dialogus)

---

1) 현재 체코의 도시 야히모프(Jáchymov)이다.

를 출판했다.

1544년에 아그리콜라는 『지하의 기원과 원인에 관하여(De ortu et causis subterraneorum)』를 출판하여 현대 지질학의 기초를 제시했다. 이 책에서 그는 강력한 지질학적 힘으로서의 바람과 물의 영향, 지하수와 광물화 유체의 기원과 분포, 지하 열의 기원 등을 다루었다.

1546년에는 『지구 내부에서 흘러나오는 것들의 본질(De natura eorum quae effluunt e terra)』을 출판했다. 이 책에서 그는 물의 속성, 효과, 맛, 냄새, 온도 등을 다루고 지진과 화산의 원인이 되는 땅 밑의 공기를 다루었다. 또한 『자연 화석(De Natura Fossilium)』이라는 제목의 책에서 광물, 광석, 금속, 보석, 지구 및 화성암의 발견 및 발생에 대한 내용을 다루었다.

아그리콜라의 가장 유명한 작품인 『금속의 본질에 관하여 12(De re metallica libri xii)』는 그의 사망 다음 해인 1556년에 출판되었다. 이 책은 광석에서 금속을 추출하는 과정, 광맥의 탐사, 금과 주석과 같은 귀중한 광물을 채취하기 위해 광석을 세척하는 것에 대해 자세히 설명했다. 또 광산 갱도 안팎으로 사람과 자재를 들어 올리는 기계도 언급했다.

아그리콜라가 지은 『금속의 본질에 관하여 12(De re metallica libri xii)』

광물 채취 과정

아그리콜라는 산맥의 형성 과정에 대해서도 언급했다. 그는 모래를 운반하는 바람, 지하의 바람, 지진, 화산 활동과 물에 의한 침식으로 산맥이 형성된다고 주장했다.

지층에 새겨진 지구의 연대기 _ 스테노와 지층누중의 법칙

정교수 이제 지층에 대한 법칙을 발견한 과학자에 관해 이야기해볼게.
물리군 지층이 뭐죠?
정교수 지층은 암석이나 토양의 층으로, 이웃한 다른 지층들과 구분되는 특성을 가져. 각 층은 일반적으로 서로 평행하게 놓여 있으며, 자연적인 힘으로 쌓였지. 지층은 보통 서로 색이나 구조가 다른 암석들이 쌓여 있는 줄무늬로 보이며, 절벽, 도로의 절개면 등지에서 볼 수 있어. 각 줄무늬의 두께는 얇게는 몇 밀리미터에서 두껍게는 수 킬로미터 이상에 이르기도 하지.

색이나 구조가 다른 암석들이 쌓여 있는 지층 절벽

각 줄무늬들은 그 층이 퇴적된 때의 특징적인 상황(강바닥, 해변, 늪지, 사구 따위들)을 반영하고 있다.

물리군 지층에 대한 법칙을 발견한 과학자는 누구죠?
정교수 덴마크의 지질학자 스테노야.

니콜라스 스테노(Nicolaus Steno, 1638~1686, 덴마크)

　스테노는 덴마크 코펜하겐에서 태어났다. 그의 아버지는 크리스티안 4세 밑에서 일하던 금 세공사였으며 루터교 신자였다. 스테노는 어렸을 적에 알려지지 않은 병에 걸려 가족들과 떨어져 자랐다. 1644년 아버지가 사망한 후 어머니는 다른 금 세공사와 재혼했다. 1654년에서 1655년 사이에 스테노가 다니던 학교에는 흑사병이 돌아 학생 240명이 사망했다. 그가 살던 집 건너편에는 당시 덴마크의 부호 페데르 그리펜펠트가 살았다. 1671년 그리펜펠트는 스테노에게 코펜하겐 대학의 교수직을 제안했다.

　스테노는 네덜란드, 프랑스, 이탈리아, 독일 등지를 돌아다니면서 과학자들을 만났고 이들로부터 많은 영향을 받게 되었다. 1660년에는 암스테르담에서 해부학을 배웠고, 1665년에는 플랑드르에서 화석을 공부하였다. 스테노는 1669년 발간한 저서에서 해양성 침식물과 담수성 침식물을 구분하고 화석이 과거 지구상에 살았던 생물의 흔적임을 알아냈다.

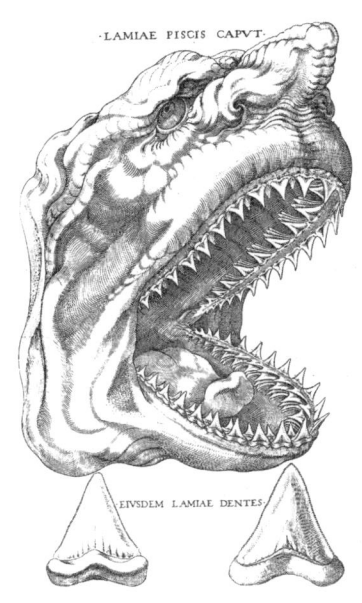
당시의 상어와 화석 속의 치아를 비교한 일러스트레이션(1667년에 스테노가 그린 그림)

 스테노는 지층이 유수의 침식으로 형성된다는 것과 그에 따라 오래된 층 위로 새로운 층이 쌓여나간다는 것을 밝혔다. 그는 지층이 퇴적될 당시의 순서를 그대로 유지하고 있을 경우, 아래 있는 지층이 먼저 생긴 지층이고, 위에 있는 지층이 나중에 생긴 지층이라는 법칙을 1669년 발표했는데, 이것을 '지층누중의 법칙'이라고 부른다. 그는 또한 지층에 포함된 화석을 지층 형성 시기 판별의 중요한 자료로 삼을 수 있다고 주장했다.

지구는 몇 살일까? _ 지구의 나이를 계산한 뷔퐁

정교수 이제 지구의 나이를 처음으로 계산한 프랑스의 지질학자 뷔퐁의 이야기를 해볼게.

조르주 루이 르클레르 뷔퐁 백작
(Georges-Louis Leclerc, Comte de Buffon,
1707~1788, 프랑스)

뷔퐁은 1707년 프랑스 디종의 북서쪽에 있는 작은 마을 몽바르에서 태어났다. 그의 아버지는 지방정부에서 소금세를 걷는 하위직 공무원이었다. 학창 시절에 수학과 물리학, 박물학에 관심을 가졌던 뷔퐁은 아버지의 강요로 법학을 공부했다. 뷔퐁은 1723년부터 1726년까지 예수회 대학에서 법학을 공부해 1726년 법학 자격증을 땄지만, 여전히 수학에 더 관심이 많았다. 그 후 뷔퐁은 법학을 그만두고 1728년에 디종을 떠나 앙제 대학에서 수학을 공부했다. 앙제의 자유스러운 분위기에 심취해 당대의 수학자들과 편지를 주고받기도 하였다. 앙제에 머무는 동안 그는 뉴턴이 지은 책들을 읽고 식물 채집도 하고 의학 강의도 들었다.

뷔퐁은 수학에서 두각을 나타냈을 뿐 아니라 사교계에서도 평판이 좋았다. 하지만 양제에 온 지 얼마 되지 않아 다른 사람과 격투를 벌이게 되었고, 상대방을 살해했다는 소문 때문에 고향 디종으로 몸을 피해야 했다. 그 뒤 1730년 그는 영국에서 온 제2대 킹스턴 공작과 그의 가정 교사인 네이선 힉맨과 친분을 나누었다.

1732년 7월 뷔퐁은 파리로 옮겨 과학과 관련하여 계속 경력을 쌓았다. 1732년 어머니가 돌아가시고 그는 부르군디의 도로에 가로수로 쓸 나무를 위한 묘목밭 개발과 철 주물공장 등을 꾸려나갔다. 뷔퐁은 그의 과학적 활동뿐만 아니라, 부르고뉴 운하의 가장자리에서부터 몽바르까지 몇 km를 따라 오늘날까지도 남아 있는 제철소를 지었던 것으로도 알려져 있다.

뷔퐁의 제철소

물리군 뷔퐁은 어떻게 지구의 나이를 계산했나요?

정교수 그는 지구가 태양, 그리고 혜성과 충돌한 결과로 태양에서 떨어져 나왔다고 생각했어. 그는 이 추론을 통해 지구는 태초에 용융 상태였으며 생명이 탄생할 수 있을 때까지 지구가 냉각해왔다고 주장했지. 그는 지구가 냉각되는 데 걸리는 시간이 기존의 신학자들이 추론했던 6,000년보다 훨씬 길어야 한다고 주장했어.

뉴턴은 『프린키피아』에서 지구와 똑같은 크기의 쇳덩이를 뜨겁게 달구면 5만 년 이상이 흐른 뒤에도 식지 않을 거라 주장했다. 여기서 힌트를 얻은 뷔퐁은 크기가 다른 철 구슬을 빨갛게 달아오를 때까지 가열한 후 손이 데지 않을 정도까지 식는 데 걸리는 시간을 측정하는 실험을 고안했다. 그런 후 그는 지구와 크기가 비슷한 공이 식는 데 걸리는 시간을 계산해 지구의 나이가 적어도 75,000년 이상은 되어야 한다는 것을 알아냈다. 뷔퐁은 이 내용을 자신의 저서 『자연의 신기원』에 수록했다.

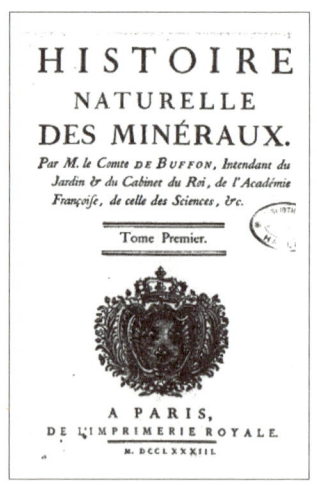

뷔퐁의 저서 『자연의 신기원』

뷔퐁은 자신의 이론을 토대로 지구의 진화에 관해 설명했다. 그의 이론에 의하면, 지구는 태양과 혜성의 충돌로 태양에서 분리되어 나왔고, 처음 지구는 불덩어리였으며, 자전함으로

써 원심력 때문에 적도 반지름이 극 반지름보다 큰, 현재와 같은 납작한 공 모양이 되었다. 2,936년 동안 지표에 단단한 지각이 만들어지고 지구가 식어감에 따라 지각에 주름이 생겨 산맥과 바다 바닥이 생겨났다. 다음 5만 년 동안 대기 중의 수증기가 응결해 물이 되어 바다가 생기고, 바닷물에 의한 침식으로 점토가 생겼다. 다음 25,000년 동안 육지에 식물이 무성해지고 동물과 인간이 나타났다.

물리군 현재 지구의 나이는 45억 년으로 알고 있어요.
정교수 맞아. 뷔퐁의 계산은 틀리긴 했지만 최초로 지구 나이를 계산하려는 시도였다는 점에서 중요해.

19세기 말부터 20세기 초에 걸쳐 많은 과학자가 지구의 나이를 구하는 문제에 도전했다. 지층의 전체 두께와 매년 쌓이는 지층 두께의 비를 이용해 지구 나이를 계산해 지구의 나이가 15억 년이라고 주장한 과학자도 있었고, 매년 바다로 흘러 들어가는 염분량의 바다 전체 염분량에 대한 비를 이용해 지구의 나이가 1억 년이라고 주장한 과학자들도 있었다.

영국의 물리학자 켈빈 경은 물리학을 이용해 지구의 나이를 구하려고 시도했다. 그는 지구의 열 손실률을 계산해보았다. 그러기 위해서 그는 지구의 처음 온도를 암석이 녹는 온도인 3,870℃로 택했고 여러 가지 암석의 열전도율을 측정했다. 그는 또한 다양한 깊이의 광산에서 온도를 측정해 지구의 내부에서 열이 빠져나가는 속도를 측정했다. 이들 데이터를 토대로 그는 지구의 나이가 약 7천만 년 정도라고 주장했다.

지구의 정확한 나이는 뢴트겐이 X선을 발견한 1895년 이후에 이루어진다. 뢴트겐 이후 베크렐이 우라늄의 방사선을, 퀴리 부인이 라듐과 폴로늄의 방사선을 발견한다. 1907년 캐나다 맥길 대학의 러더퍼드와 소디는 방사능 붕괴와 반감기에 대한 법칙을 발표했다. 이 이론을 통해 여러 가지 방사능 원소의 반감기가 계산되었고, 이를 이용해 여러 가지 암석의 나이를 알 수 있게 되었다. 그렇게 해서 지구의 나이는 약 45억 년 정도가 되었다.

지구의 기원을 물에서 찾다 _ 베르너의 수성론

정교수 이제 수성론의 창시자 베르너의 이야기를 해볼게.

베르너(Abraham Gottlob Werner, 1749~1817, 독일)

베르너는 프로이센 실레지아의 베라우(Wehrau)에서 태어났다. 그의 가족은 오랫동안 광산업에 종사해왔고 그의 아버지는 베라우에 있는 주조 공장의 감독이었다. 베르너는 독일 프라이베르크와 라이프치히에서 법학과 광업을 공부했다. 라이프치히에 머무는 동안 베르너는 광물의 체계적인 식별 및 분류에 관심을 두게 되었다. 1774년 그는 광물학에 관한 최초의 현대식 교과서인 『Von den äusserlichen Kennzeichen der Fossilien』를 출판했다.[2] 1775년 프라이베르크 광업 아카데미에서 광업 및 광물학 검사관 겸 교수가 되었다. 그의 명강의는 유럽 전역에 소문나 그의 강의를 듣기 위해 여러 나라에서 수많은 학생이 프라이베르크로 몰려들었다.

물리군 수성론이 뭐죠?

정교수 지구의 기원이 물이라는 이론이야. 베르너는 지구는 아주 오래전 바다로 뒤덮여 있었고 모든 암석은 바다에서의 결정 작용이나 침전으로 만들어졌다고 주장했는데, 이 이론을 수성론이라고 불러.

베르너의 이론에 따르면, 바닷속에서 먼저 화강암이 결정 작용에 의해 만들어지며 화강암 속에는 화석이 없고, 그다음으로는 침전으로 생긴 점판암이 생겨나는데, 점판암 속에서는 약간의 화석이 발견

---

2) Abraham Gottlob Werner, Von den äusserlichen Kennzeichen der Fossilien(라이프치히, 1774); Mme. Guyton de Morveau의 프랑스어 번역, 파리, 1790년; 영어 번역, Treatise on the External Characters of Fossils, 위버, 더블린, 1805년.

된다. 그다음에는 석탄 암처럼 화석이 많이 들어 있는 퇴적암이 생기고 마지막으로 풍화에 의해 모래와 점토가 생겨난다.

지구는 끓고 있다 _ 화성론과 허턴의 동일과정설

정교수 수성론과 반대되는 이론으로 모든 암석의 생성 원인이 물이 아니라 열이라는 이론을 화성론이라고 불러. 이제 대표적인 화성론자인 허튼에 대해 이야기해볼게.

제임스 허튼(James Hutton, 1726~1797, 영국 스코틀랜드)

허튼은 1726년 스코틀랜드 에든버러에서 상인의 아들로 태어났다. 그는 에든버러 고등학교에서 교육을 받았으며, 특히 수학과 화학에 관심이 많았다. 14세 때 에든버러 대학에 입학했고 17세 때 변호사 견습생이 되었다. 그 후 허튼은 1749년 네덜란드 라이덴 대학에서

의학 박사학위를 받았다.

학위를 받은 후 허튼은 런던으로 갔다가 1750년 중반에 에든버러로 돌아와 절친한 친구인 존 데이비와 함께 화학 실험을 재개했다. 그는 1768년 스코틀랜드, 잉글랜드 북부, 프랑스, 네덜란드 여행을 통해 각지의 지질을 관찰하기 시작했다. 이것을 토대로 허튼은 1785년 에든버러 왕립협회에 현재 지구에서 일어나는 현상은 엄청나게 긴 시간에 걸쳐 기본적으로 동일하게 진행되어왔다는 주장을 했는데, 이 이론을 '동일과정설'이라고 부른다.

허튼은 '현재 일어나고 있는 지질학적 과정들을 주의 깊게 관찰하면 과거에 일어났던 지질학적 현상들을 이해할 수 있다'라고 주장함으로써 '현재는 과거를 푸는 열쇠'라는 유명한 말을 남겼다.

1795년 『지구 이론(Theory of the Earth)』을 출판했으나, 이해하기가 쉽지 않았기 때문에 당시에는 그다지 평가를 받지 못했다. 그러다가 1802년에 에든버러 대학 수학 교수이자 허튼의 친구인 존 플레이페어가 『허튼 지구 이론 해설』을 발간함으로써 널리 알려지게 된다.

허튼은 1795년 동일과정설을 포함한 자신의 연구 결과를 『지구의 이론』(1~2권)이라는 책을 통해 발표했다. 이 책의 3권은 그의 사망으로 완결되지 못했다.

허튼의 이론에 의하면, 지구의 내부는 녹은 용암으로 이루어져 있고 단단한 지표가 그것을 에워싸고 있다. 용암의 운동으로 지표를 굴곡시켜 산맥이 만들어지며 산맥의 아래쪽에는 화강암과 같은 결정성의 암석이 생기고 위쪽에는 퇴적암이 생긴다.

두 번째 만남

지구의 퍼즐을 맞춘 사람들

대륙은 움직인다 _ 베게너와 대륙이동설의 탄생

정교수 이제 대륙이동설의 창시자 베게너의 이야기를 해볼게.

알프레트 로타르 베게너(Alfred Lothar Wegener, 1880~1930, 독일)

베게너는 1880년 독일 베를린에서 태어났다. 그는 베를린의 발슈트라세(Wallstrasse)에 있는 쾰니셰 김나지움(Köllnische Gymnasium)에 다녔고 1899년에 이 학교를 수석으로 졸업했다.

베게너가 다녔던 베를린의 쾰니셰 김나지움

베게너는 베를린의 프리드리히 빌헬름 대학에서 물리학, 기상학, 천문학을 공부했다. 그의 스승으로는 천문학의 빌헬름 푀르스터(Wilhelm Förster)와 열역학의 막스 플랑크(Max Planck)가 있다. 1902년부터 1903년까지 그는 우라니아 천문대에서 조수로 일했다. 그는 율리우스 바우싱어(Julius Bauschinger)와 빌헬름 푀르스터(Wilhelm Förster)의 지도하에 1905년 천문학 박사학위를 받았다.

우라니아 천문대

1905년 베게너는 비스코우(Beeskow) 근처의 린덴베르크(Lindenberg)에 있는 항공천문대(Aeronautisches Observatorium Lindenberg)에서 동생 쿠르트와 함께 일했다. 쿠르트 역시 기상학과 극지 연구에 관심이 있는 과학자였다. 두 사람은 기단을 추적하기 위해 기상관측 기구를 사용했고, 천체 항행 방법을 테스트하기 위해 1906년 4월 5일부터 7일까지 52.5시간 동안 공중에 머물며 연속 풍선 비행에 대한 새로운 기록을 세웠다.

1906년 베게너는 네 차례의 그린란드 원정 중 첫 번째 원정에 참가했으며, 훗날 이 탐험이 그의 인생에서 결정적인 전환점이 되었다고 회고했다. 덴마크 원정대는 데인 루드빅 밀리우스 에릭센(Dane Ludvig Mylius-Erichsen)이 이끌었으며, 그린란드 북동부 해안의 마지막 미지의 지역을 연구하는 임무를 맡았다. 탐험 기간 베게너는 그린란드의 단마크스하운(Danmarkshavn) 근처에 최초의 기상관측소를 건설했으며, 그곳에서 연을 날리고 풍선을 묶어 북극 기후대에서 기상 측정을 했다.

1906년 베게너는 그린란드 원정에 참여했다.

1908년 귀국 후 제1차 세계대전 전까지 베게너는 마르부르크 대학에서 기상학, 응용천문학, 우주물리학을 강의했다. 마르부르크에 있는 그의 학생들과 동료들은 복잡한 주제와 최신 연구 결과를 명확하고 이해하기 쉽게 설명하는 그의 능력을 높이 평가했다.

마르부르크 대학

베게너의 두 번째 그린란드 탐험은 1912년에서 1913년 사이에 이루어졌다. 이때 덴마크 탐험대의 대장은 요한 페터 코흐가 맡았고 네 명의 남성만이 탐험에 참여했다.

요한 페터 코흐

원정대는 그란란드 단마르크스하운에 도착했지만 내륙의 얼음이 분열하기 시작했다. 코흐는 빙하 크레바스에 빠지면서 다리가 부러졌고, 몇 달 동안 병상에 누워 있어야 했다. 베게너와 코흐는 오두막 안에서 겨울을 보내고 1913년에 고국으로 돌아올 수 있었다.

지질학 발전에 큰 공을 세운 베게너

1913년 말, 베게너는 그의 스승이자 멘토인 기상학자 블라디미르 쾨펜의 딸인 엘제 쾨펜과 결혼했다. 이 젊은 부부는 마르부르크에서 살았고, 베게너는 그곳에서 대학 강의를 시작했다.

보병 예비역 장교였던 베게너는 1914년 제1차 세계대전이 발발하자마자 소집되었다. 벨기에의 전선에서 그는 치열한 전투를 경험했지만 두 번 부상을 입은 후 현역에 적합하지 않다는 판정을 받고 육군 기상청에 배치되었다. 이 활동으로 그는 독일, 발칸 반도, 서부 전선 및 발트해 지역의 다양한 기상관측소를 방문했다. 그럼에도 불구하고 1915년에 그의 주요 저작인 『대륙과 해양의 기원(Die Entstehung der Kontinente und Ozeane)』³을 출간했다.

베게너가 쓴 『대륙과 해양의 기원(Die Entstehung der Kontinente und Ozeane)』

1912년 1월 6일, 베게너는 프랑크푸르트의 젠켄베르크 박물관(Senckenberg Museum)에서 열린 지질학회(Geologische Vereinigung) 강연에서 대륙 이동에 대해 발표했다. 하지만 당시의 많은 지질학자가 그의 이론에 과학적 근거가 희박하다고 하여 베게너를 비웃었다.

1919년 베게너는 쾨펜의 후임으로 독일 해군 천문대(Deutsche Seewarte)의 기상학 과장이 되었고, 아내와 두 딸을 데리고 함

---

3) Wegener, Alfred(1915), Die Entstehung der Kontinente und Ozeane [The Origin of Continents and Oceans], Braunschweig: Friedrich Vieweg & Sohn Akt. Ges.

부르크로 이주했다. 1921년에 그는 함부르크 대학의 수석 강사로 임명되었다. 1919년부터 1923년까지 베게너는 밀루틴 밀란코비치(Milutin Milanković)와 과거 시대의 기후를 재구성하는 공동연구를 수행했다. 1924년 베게너는 그의 장인 블라디미르 쾨펜(Wladimir Köppen)과 함께 『지질학적 과거의 기후(Die Klimate der geologischen Vorzeit)』를 출판했다.

1924년 베게너는 그라츠 대학의 기상학 및 지구물리학 교수가 되어 물리학과 대기의 광학, 토네이도 연구에 집중했다. 그는 이 시점까지 몇 년 동안 토네이도를 연구했으며, 1917년에 최초의 유럽 토네이도 기후학을 발표했다.

베게너의 마지막 그린란드 탐험은 1930년이었다. 그의 지휘 아래 14명의 참가자들은 그린란드 빙상의 두께를 측정하고 연중 내내 북극 날씨를 관측할 수 있는 3개의 상설 관측소를 설립했다. 그들은 조랑말과 개 썰매 외에도 두 대의 혁신적인 프로펠러 구동 스노모빌을 사용하여 만년설 위를 여행했다.

1930년 11월 2일 베게너와 덴마크의 빌룸센은 그린란드 탐사 중 조난했고 6개월이 지나서야 두 사람의 시신이 발견되었다.

1930년 원정대가 사용한 스노모빌

베게너가 죽기 하루 전날 찍은 사진.
왼쪽이 베게너, 오른쪽은 덴마크의 과학자
라스무스 빌룸센(Rasmus Villumsen)

판게아를 상상한 사람들 _ 대륙이동설의 기원을 찾아서

물리군   베게너 이전에도 대륙이 이동한다고 생각한 과학자들이 있나요?

정교수   있었지. 완벽한 이론은 베게너에 의해 이루어지지만 베게너 전에도 대륙이 움직였을 거로 생각한 지질학자들이 있었어. 이제 그 사람들의 이야기를 해볼게.

대륙이 이동했다고 생각한 최초의 과학자는 네덜란드의 지도 제작자인 오르텔리우스이다.

아브라함 오르텔리우스(Abraham Ortelius, 1527~1598, 네덜란드)

오르텔리우스는 스페인령 네덜란드에 있던 앤트워프[4]에서 태어났

---

4) 현재는 벨기에의 도시이다.

다. 그는 그리스어와 라틴어를 할 줄 알았으며, 영어 성경을 번역하는 일을 하였다. 1575년 오르텔리우스는 스페인 왕 펠리페 2세의 지리학자로 임명되었다.

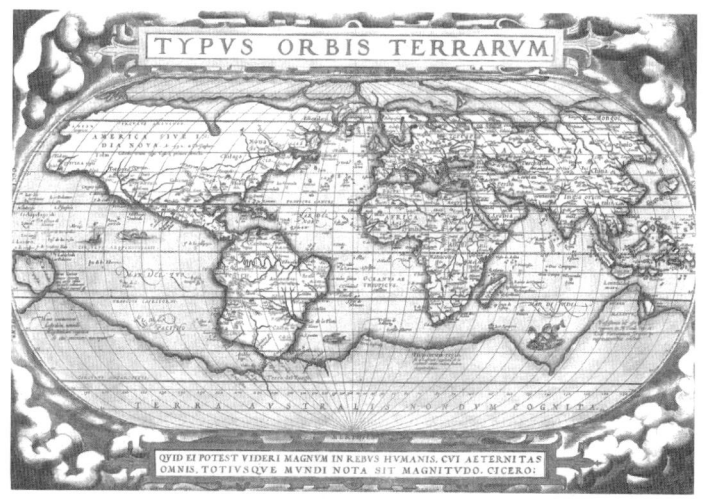

1570년에 만든 오르텔리우스의 세계지도

오르텔리우스는 아메리카 해안선과 유럽-아프리카 해안 사이의 유사성을 확인하고 아메리카 대륙이 유럽과 아프리카 대륙에서 분리되었다고 주장했다.

1858년 프랑스의 지질학자 스나이더-펠레그리니(Antonio Snider-Pellegrini, 1802~1885)는 그의 저서 『창조와 그 신비의 베일(La Création et ses mystères dévoilés)』에서 유럽과 미국에서 동일한 식물 화석을 발견했다는 사실에 근거하여 대륙 이동을 주장했다.

1858년 스나이더-펠레그리니가 그린 그림

1910년 베게너 역시 남아메리카 동부와 아프리카 서부의 해안선이 서로 비슷하다는 사실에 깊은 인상을 받았고, 그 두 땅이 한때 서로 연결되어 있었다고 추측했다.

베게너는 남아메리카 동부와 아프리카 서부의 해안선이 한때 서로 연결되어 있었다고 추측했다.

베게너는 고생대 후기에 오늘날의 모든 대륙이 하나의 큰 덩어리 또는 초대륙을 형성했고, 이후 그 덩어리가 분열되었다고 생각했다. 베게너는 이 고대 대륙을 '판게아'라고 불렀다. 베게너는 판게아의 구성 부분들이 오랜 지질학적 시간에 걸쳐 수천 마일 떨어진 곳으로 천천히 이동했다고 주장했다. 그는 이 이동을 '대륙 이동(die Verschiebung der Kontinente)'이라고 불렀다.

판게아

3억 년 전에 대륙이 뭉쳐 판게아 대륙이 만들어지면서, 애팔래치아산맥, 아틀라스산맥, 우랄산맥 등이 생겨났다. 판게아 대륙을 둘러싼 드넓은 바다는 '판탈라사해'라고 부른다.

1억 8천만 년 전인 쥐라기 때 판게아는 남쪽의 '곤드와나'[5]와 북쪽의 '로라시아'로 나뉘었다. 두 대륙의 사이의 바다를 '테티스해'라 부른다.

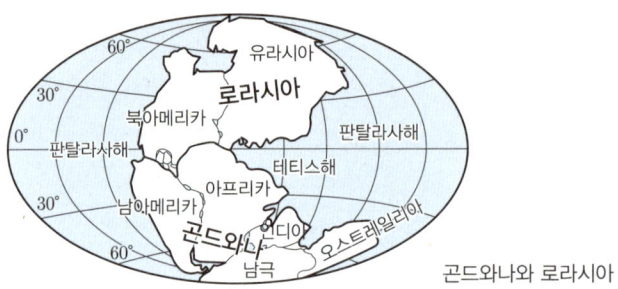

곤드와나와 로라시아

그 후 판게아는 오랜 시간이 흐르면서 점차 분리되어 현재와 같은 7개의 대륙으로 나뉘게 되었다.

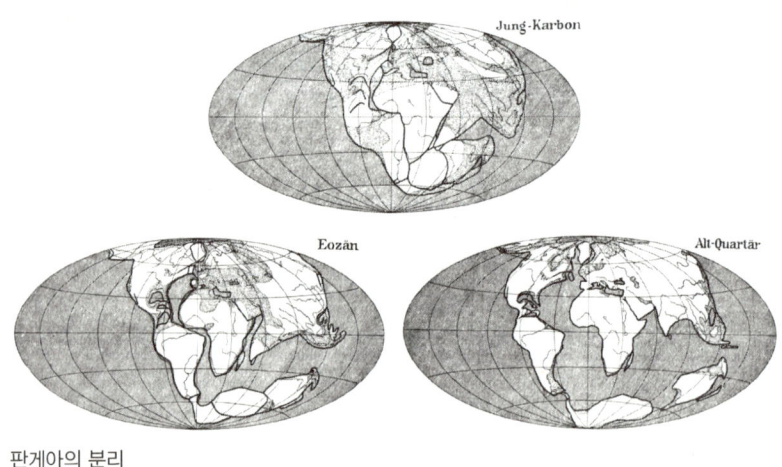

판게아의 분리

---

5) 1861년 오스트리아 지질학자 에두아르트 수스가 처음 제안했다.

드러나는 지구 속 _ 지진파를 발견한 과학자들

정교수 이제 지진파를 발견한 과학자들의 이야기를 해볼게. 지진이 파동 현상이라는 것을 처음 알아낸 사람은 영국의 미셸(John Michell, 1724~1793)이야. 그는 1755년 리스본 지진 이후 1760년에 『지진의 원인과 관측에 관한 추측』이라는 논문을 발표했지.[6] 이 논문에서 그는 지진이 파도처럼 지구 속을 통해 퍼져 나간다고 주장했어.

미셸은 지진이 파도처럼 지구 속을 통해 퍼져 나간다고 주장했다.

지진이 발생하면 두 종류의 지진파가 발생한다는 것을 알아낸 과학자는 영국의 올덤이다.

---

6) John Michell, Conjectures Concerning the Cause and Observations upon the Phaenomena of Earthquakes, Philosophical Transactions(1760).

리처드 딕슨 올덤(Richard Dixon Oldham, 1858~1936, 영국)

올덤은 럭비 학교(Rugby School)와 왕립 광산 학교에서 교육을 받았다.

올덤이 다닌 럭비 학교

1879년 올덤은 인도 지질조사국(Geological Survey of India) 의 부감독관이 되어 히말라야에서 일했다. 그는 온천, 선 밸리(Son Valley)의 지질학, 히말라야와 갠지스 평원의 지질학에 대해 약 40여

편의 논문을 저술했다.

올덤의 가장 유명한 연구는 지진학에 관한 것이었다. 1897년 인도 아삼 지진에 대한 그의 보고서는 이전의 지진에 대한 보고를 훨씬 뛰어넘었다. 여기에는 최대 35피트의 융기와 지구의 중력 가속도를 초과한 지면의 가속도가 보고된 체드랑 단층에 대한 설명이 포함되어 있었다.

아삼 지진 전후 실론의 정부 청사의 모습

지진학에 대한 올덤의 가장 중요한 공헌은 지진 발생 시 두 개의 지진파가 동시에 발생한다는 것이었다. 올덤은 속도가 빨라 지표에 먼저 도착하는 지진파를 'P파'라고 불렀고, 속도가 느려 나중에 도착하는 지진파를 'S파'라고 불렀다. 그는 두 파동이 지진계에 도착한 시간의 차이를 통해 지진이 발생한 지점인 진원까지의 거리를 결정할 수 있다는 것을 알아냈다. 또한 P파는 액체를 통과할 수 있지만, S파는 액체를 통과할 수 없다는 것을 알아냈다. 그는 지구 내부에서 S파가 진행할 수 없는 곳이 있음을 알아냈고 이를 통해 지구의 내부에 액

체 상태인 부분이 존재한다는 것을 알아냈다.[7][8]

지구 내부를 가르다 _ 불연속면을 발견한 과학자들

정교수 이제 지각과 맨틀 사이의 경계면을 발견한 모호로비치치의 이야기를 해볼게.

안드리야 모호로비치치(Andrija Mohorovičić, 1857~1936, 크로아티아)

안드리야 모호로비치치는 1857년 크로아티아의 볼로스코 (Volosko)에서 태어났다. 그의 아버지는 대장간에서 일했으며, 주로

---

7) Oldham, R.D.(1900), "On the Propagation of Earthquake Motion to Great Distances", Philosophical Transactions of the Royal Society A. 194 (252–261): 135–174.

8) [4] Oldham, R.D.(1906), "The Constitution of the Interior of the Earth, as Revealed by Earthquakes", Quarterly Journal of the Geological Society. 62 (1–4): 456–475.

배의 닻을 만드는 작업에 종사했다. 모호로비치치는 15세가 되었을 때 크로아티아어뿐만 아니라 영어, 프랑스어, 이탈리아어도 할 수 있었고, 나중에는 라틴어와 그리스어, 체코어와 독일어도 구사할 수 있었다. 그는 수학과 물리학에 큰 재능을 보여 프라하 대학에 진학해 1875년에 학위를 마쳤다.

모호로비치치가 태어난 볼로스코

학위를 바친 후 모호로비치치는 1882년 바카르(Bakar)에 있는 왕립항해학교(Royal Nautical School)에서 9년 동안 교사직을 수행했다. 모호로비치치는 이곳에서 기상학과 지진학을 연구했다.

모호로비치치는 1887년에 지역 기상관측소를 설립하고 크로아티아와 슬로베니아 지역의 강수량을 측정할 여러 기구를 개발하기도 했다. 그의 이런 활동은 정부의 인정을 받아 1892년 그릭의 기상관측소 소장으로 임명되어 크로아티아 전역의 기상학 및 일기예보 정보를 제공하는 일을 담당했다. 1893년 그는 자그레브 대학의 교수가 되어 기상학 이외에도 지구물리학과 천문학 등 각종 지구과학을 가르쳤다.

1908년에 모호로비치치는 자그레브 기상관측소에 새롭게 개선된 지진 장비를 구입했다. 1909년 10월 8일, 자그레브 남동쪽 쿠파(Kupa) 계곡의 포푸스코(Popusko) 근처에서 규모 5.7의 강진이 발생했을 때 모호로비치치는 지진파를 자신의 지진계로 기록함과 동시에 주변의 다른 관측소에서 관측된 기록들과 자료를 비교했다.

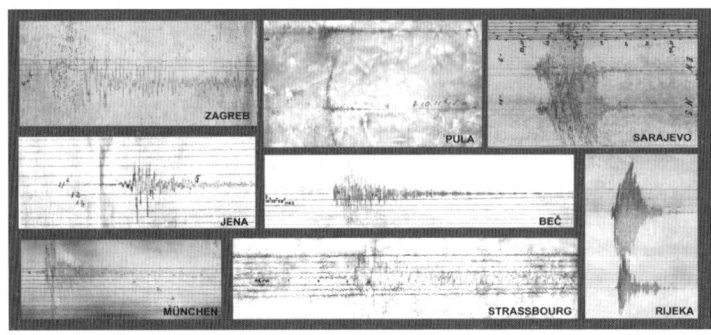

주변의 다른 관측소들이 모호로비치치에게 보내준 지진 관측 자료들

여러 관측소의 판독 결과를 통해 모호로비치치는 지하 50km 부근에서 지진파의 속도가 빨라진다는 사실을 알아냈다. 그는 이 깊이 아래쪽을 '맨틀'로, 그 위를 '지각'이라고 명명했다. 지진파는 밀도가 높은 곳에서 속력이 더 빠르므로 밀도가 더 높은 맨틀을 통과한 P파는 더 빨리 도착하고 밀도가 상대적으로 낮은 지각을 통과한 P파는 늦게 도착한다는 사실을 알아냈다.

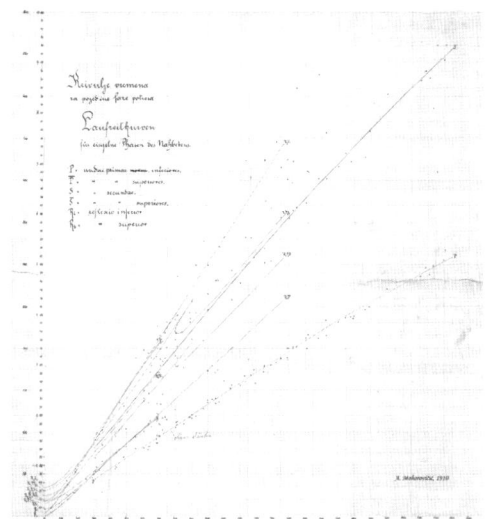
모호로비치치의 연구 노트(1910년)

　모호로비치치의 연구 업적을 기리어 지각과 맨틀의 불연속면을 '모호로비치치 불연속면(Mohorovicic discontinuity)'이라 하고, 줄여서 '모호면'이나 'M-불연속면'이라고도 한다. 이후 더 많은 연구를 통해 모호면은 대륙에서 평균 지하 35km에, 해양에서 평균 지하 5km의 위치에 있음이 밝혀졌다.

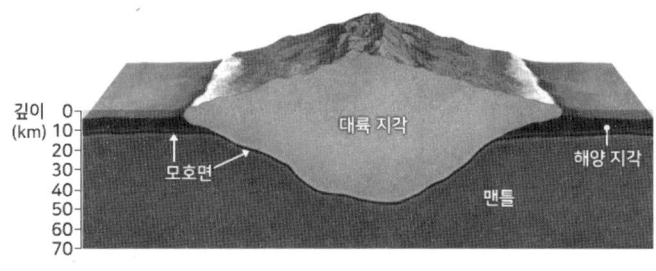
모호면의 깊이

정교수 이제 맨틀 아래쪽에 대해 알아볼게.

물리군 올덤이 얘기한 액체 부분을 말하는 거죠?

정교수 맞아. 20세기 초, 독일 태생의 미국 지진학자 베노 구텐베르크와 독일의 지진학자 비헤르트는 수많은 지진 데이터를 분석했어. 이들은 지진파가 지구 내부를 통과할 때 어떤 거리에서는 갑자기 사라지거나 굴절되는 현상에 주목했지. 그 결과, 지표로부터 깊이 2,890km 지점에서 물리적 변화가 일어난다는 사실을 밝혀냈어. 이 지점에서 S파(전단파)는 완전히 사라지고, P파(종파)는 갑자기 속도가 떨어지며 굴절되지. 맨틀 아래를 '핵'이라고 부르는데, 이 부분이 액체 상태라는 것을 알아냈지. 그 후 과학자들은 맨틀과 핵과의 경계를 '구텐베르크 불연속면'이라고 불렀어.

베노 구텐베르크(1889~1960, 독일)

에밀 요한 비헤르트(Emil Johann Wiechert, 1861~1928, 독일)

지구의 심장을 발견하다 _ 내핵을 밝혀낸 잉게 레만

정교수 이제 핵이 두 부분으로 나뉘어 있다는 것을 알아낸 잉게 레만에 대해 알아볼 거야.

잉게 레만(Inge Lehmann, 1888~1993)

잉게 레만의 아버지, 알프레드 게오르그 루드비크 레만(Alfred G. L. Lehmann)은 덴마크에서 실험 심리학의 개척자로 알려진 인물이었다. 그는 인간의 감각과 반응, 정신의 구조를 과학적으로 측정하려 애썼고, 이러한 실증적 태도는 잉게 레만에게 그대로 이어졌다.

잉게 레만의 어머니 소피 토르슬레프(Ida Sophie Tørsleff)는 가정주부였지만 그녀의 가문에는 여성 인권운동의 지도자들, 교사, 정치인, 여성협회 회장, 그리고 걸스카우트 지도자까지 있었다. 잉게 레만의 외할아버지 한스 야콥 토르슬레프는 대대로 이어진 덴마크 성직자 가문 출신이었고, 그녀의 친할아버지는 덴마크 최초의 전신선을 설계한 공학자, 증조부는 국립은행 총재였다.

잉게 레만은 유년 시절부터 수학과 논리를 즐겨 했다. 아버지의 실험심리 실험을 가까이서 지켜보며, "모든 현상에는 이유가 있다"라는 사고방식을 몸에 익혔다. 하지만 그녀는 조용했고 내향적이었다.

1904년 덴마크 코펜하겐의 한 교실. 열여섯 살 소녀 잉게 레만은 여동생과 함께 책상 앞에 앉아 있었다. 이 학교는 당시로선 이례적이었다. 남학생과 여학생이 같은 커리큘럼을 배우고, 같은 시험을 치르며, 같은 사유의 깊이에 도달할 수 있도록 만든 곳이었다. 그곳의 이름은 펠레스콜렌(Fællesskolen), 그리고 교장은 한나 애들러(Hanna Adler). 그녀는 단순한 교장이 아니었다. 그녀는 덴마크의 양성평등 교육을 실천한 선구자였고, 조용한 혁명의 설계자였다.

20세기 초, 유럽 대부분의 학교에서는 남성과 여성의 교육을 엄격히 구분했다. 남학생은 과학과 논리, 고등학교 시험을 준비했고 여학생은 가사, 재봉, 그리고 '정신적 피로를 피하는 법'을 배웠다. '사고(思考)'란 남성의 생물학적 특권으로 간주하던 시대였다. 그러나 한나 애들러는 이 통념에 도전했다. 미국의 혁신적 교육을 연구한 그녀는 덴마크에 남녀 통합 교육을 최초로 도입했고, 교사 채용에서도 학력과 능력만을 기준으로 했다. 그 결과, 대학 학위를 가지고도 초등학교 교사로밖에 채용되지 않던 여성 지성인들이 그녀의 학교에서 지적인 동료로 활동할 수 있었다. 그녀는 단지 문을 연 것이 아니라, 사고의 방향을 틀어주었다.

잉게 레만은 훗날 회고록에서 말했다. "나의 지적 발달에 가장 큰 영향을 준 사람은 아버지, 그리고 한나 애들러였다." 그녀는 실험심리학자였던 아버지로부터 정확성과 논리의 습관을 배웠고, 한나 애들러의 교실에서는 평등한 사고의 훈련을 받았다. 한나의 교육은 단지 여학생에게 기회를 주는 것이 아니었다. 그녀는 '지적 자격은 성별과 무관하다'라는 사실을 현실로 입증하고 있었던 것이다.

13세 때의 잉게 레만

1906년경, 열여덟 살의 잉게 레만은 코펜하겐 대학 입학시험에서 수석을 차지했다. 그녀는 수학, 물리학, 화학을 공부하기 시작했고, 뛰어난 계산 능력과 논리적 사고를 인정받았다. 1907년부터 1910년까지 그녀는 덴마크에서 학문을 쌓았고, 1910년에는 영국 케임브리지 대학 뉴넘 칼리지(Newnham College)로 유학을 떠났다. 하지만 성별이라는 이름의 두꺼운 벽이 그녀 앞을 가로막았다.

　케임브리지는 전통의 상징이었지만 여성에게는 아직 배타적이었다. 잉게 레만은 수업에 온전히 참여할 수 없었고, 학위를 취득할 수도 없었다. 그 결과, 그녀는 정신적 고통을 겪고 1911년 덴마크로 돌아왔다. 이후 1918년까지 7년 동안 학교 밖에서 보험계리사 보조원으로 일하며 생계를 유지했다. 그러나 이 시간은 헛되지 않았다. 복잡한 수리 계산과 확률 모델링을 통해 탁월한 계산 능력과 분석력을 익혔고, 이것이 훗날 지진파 데이터를 정밀하게 분석하는 데 결정적 역량이 되었다.

　1918년, 30세가 된 잉게 레만은 코펜하겐 대학에 다시 입학했고, 단 2년 만에 자연과학과 수학 학위를 취득했다. 이 학위는 당시 대부분 남성만이 취득하던 고등 학위였다. 여기서도 그녀는 예외를 실력으로 뚫었다.

　잉게 레만은 졸업 후 잠시 함부르크 대학에서 수학을 공부했으며, 1923년부터는 보험계리학 교수 슈테펜센(Steffensen)의 조교로 일하며 본격적인 연구 경력의 길로 접어들었다.

　1925년 잉게 레만은 덴마크의 저명한 지진학자 닐스 에릭 뇌를룬

드(Niels Erik Nørlund)의 조수로 발탁되었다. 처음엔 조수였지만, 곧 혼자서 지진학을 독학하기 시작했고, 지진파 해석, 계산, 수치 분석 능력을 빠르게 습득했다. 그녀는 1927년, 국제 측지학 및 지구물리학 연합(IUGG) 덴마크 대표로 선출되어 세계 무대에 발을 들였고, 1928년에는 지진학 박사학위를 취득하며 같은 해 게오데티스크 연구소의 지진학 부장으로 임명되었다. 이로써 덴마크 전역과 그린란드에 있는 3개 지진 관측소의 운영과 분석을 총괄하게 되었다.

1929년, 지구가 흔들렸다. 지진의 진원지는 뉴질랜드 남섬의 머치슨 지역. 하지만 지구 반대편 러시아에서, 누구도 예상하지 못한 파동이 관측되었다. 잉게 레만은 그 신호를 포착했다. 그리고 분석 끝에 지구 중심에 단단한 고체 상태가 존재한다는 것을 알게 되었다. 즉 핵은 액체 상태의 외핵과 그 안쪽의 고체 상태인 내핵으로 이루어져 있으며, 그 경계면은 지표로부터 깊이 5,150km 지점이다.

1936년, 그녀는 논문 『P'』를 발표했다. 이 논문에서 그는 내핵으로 들어간 P파가 내핵과의 경계면에서 다시 굴절되는 현상을 설명했다. P파는 외핵을 통과하며 속도가 감소하지만 내핵을 통과할 때는 다시 속도가 빨

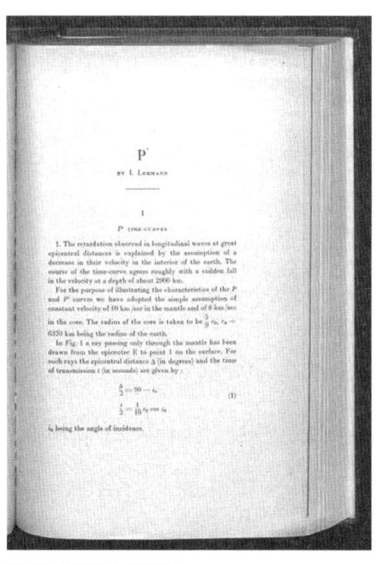

잉게 레만의 논문 『P'』

라진다. 그녀는 지구 내부가 지각-맨틀-외핵-내핵이라는 4중 구조로 되어 있다는 것을 알아냈다.

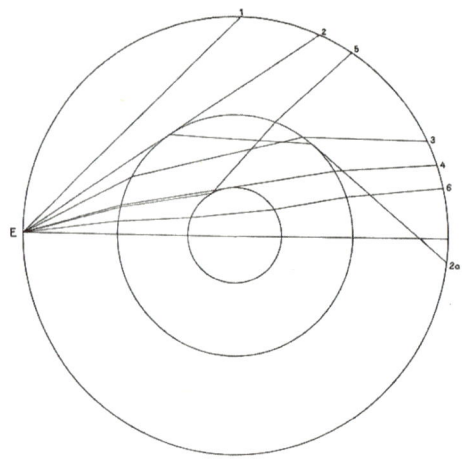

Fig. 1. — Paths through the earth.

내핵을 포함하여 다양한 P파 반사 및 굴절을 보여주는 지구의 단면(레만의 논문에서)

지구는 퍼즐이다 _ 판구조론으로 보는 지구의 비밀

물리군 교수님, 우리는 땅 위에 서 있잖아요. 그런데 가끔 뉴스에서 "지구가 움직인다"라는 말을 듣는데요, 그게 무슨 뜻이에요?

정교수 좋은 질문이야! 겉보기에 지구는 아주 단단하고 고정된 것처럼 보이지만, 사실 지구 표면은 거대한 퍼즐 조각처럼 나뉘어 있고, 조용히, 그러나 끊임없이 움직이고 있어.

물리군 퍼즐 조각이요? 그게 어떻게 움직인다는 거죠?

정교수 우리는 그걸 '판(plate)'이라고 불러. 이 판은 지각과 상부 맨틀의 일부, 즉 단단한 껍질인 암석권(lithosphere)으로 되어 있고, 그 아래에 있는 조금 더 부드러운 층, 연약권(asthenosphere) 위를 마치 얼음이 물 위에 둥둥 떠다니듯이 이동해.

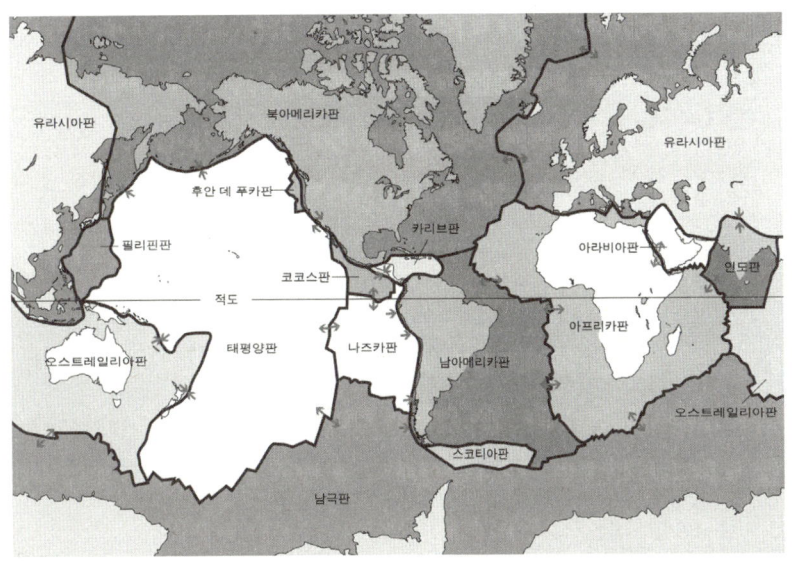

거대한 퍼즐 조각처럼 나뉜 지구의 표면

물리군 와! 그럼 땅이 진짜 움직이고 있는 거네요?

정교수 그렇지. 이걸 설명하는 게 바로 '판구조론(plate tectonics)'이야. 판이 움직일 때 생기는 현상에는 몇 가지 중요한 패턴이 있어.

판이 서로 멀어질 때는 그 틈으로 맨틀 속 뜨거운 물질이 솟아오르고, 새로운 해저가 만들어진다. 이것을 '발산 경계(divergent boundary)'라고 한다. 예를 들어, 대서양 중앙 해령은 지금도 아주 느리게, 하지만 꾸준히 벌어지고 있다.

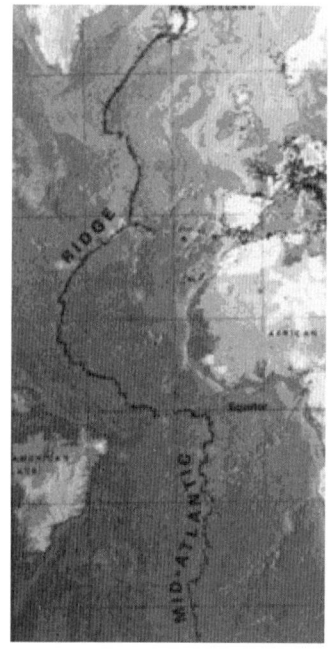

아주 느린 속도로, 꾸준히 벌어지는 대서양 중앙 해령

반대로 판이 서로 부딪힐 때는 한 판이 다른 판을 밀어 올리거나 아래로 끌고 들어가는데, 이걸 '수렴 경계(convergent boundary)'라고 한다. 예를 들어 인도판과 유라시아판이 충돌해서 히말라야산맥이 생겼고, 지금도 매년 몇 센티미터씩 더 높아지고 있다.

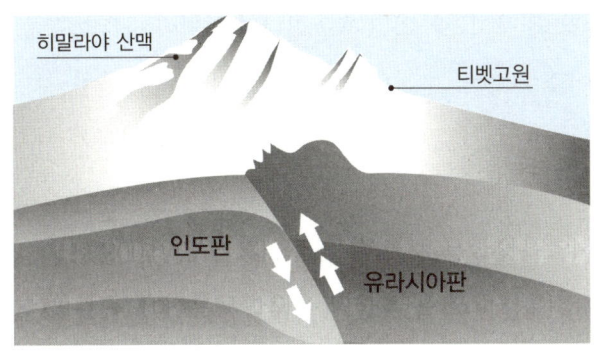

히말라야산맥은 인도판과 유라시아판의 충돌로 인해 생겨났다.

 그리고 또 하나는, 판이 옆으로 미끄러지듯 지나치는 경우가 있다. 이건 '변환 경계(transform boundary)'라고 부르는데, 캘리포니아의 샌안드레아스 단층이 대표적인 예이다. 이런 곳에서는 지진이 자주 발생한다.

변환 경계를 예를 보여주는 캘리포니아의 샌안드레아스 단층

물리군   판이 비껴갈 때 땅이 '쾅' 하고 흔들리니까 지진이 나는 거군요.

정교수   정확해! 이렇듯 판의 움직임은 산맥, 지진, 화산, 해양 지형 등 수많은 지질 현상을 설명해줘. 이 이론 덕분에 우리는 지구가 정적인 돌덩어리가 아니라, 살아 있는 유기체처럼 움직이고 변화하는 존재라는 걸 이해하게 된 거야.

물리군   그런데 이걸 누가 처음 생각한 거예요?

정교수   20세기 초, 베게너가 '대륙이동설'을 제안했어. 당시엔 너무 파격적인 생각이라 비웃음도 많이 받았지. 하지만 1960년대에 해양 지각이 실제로 확장한다는 증거들이 발견되면서 그의 생각은 '판구조론'으로 발전하게 되었어. 지구는 지금도 천천히, 끊임없이 꿈틀거리고 있어. 바닷속에서는 지금 이 순간에도 새로운 지각이 태어나고, 대륙은 느린 춤을 추듯 서로 다가가거나 멀어지고 있지.

물리군   교수님 말씀을 듣고 나니까 지구가 훨씬 더 생생하게 느껴져요. 마치 살아 있는 생명체 같아요.

정교수   아주 훌륭한 비유야.

세 번째 만남

기상학, 날씨를 과학으로 담다

하늘을 읽은 철학자들 _ 고대 그리스의 기상학

정교수 이제 기상학의 역사를 살펴볼게. 고대의 종교는 신이 기상현상을 일으킨다고 믿었어. 날씨를 예측하려는 초기의 시도는 점성술에 기초를 두었지. 고대 이집트인들은 기원전 3500년부터 기우제를 지냈어.

고대 그리스인들은 날씨에 관한 이론을 처음으로 만들었다. 탈레스는 기원전 585년의 일식을 예측했고 나일강이 해마다 홍수를 일으키는 원인은 북풍이 바다를 통해 내려가는 것을 방해하기 때문이라고 설명했다.

아낙시만드로스와 아낙시메네스는 천둥과 번개는 공기가 구름에 부딪혀 불꽃을 일으키기 때문에 발생한다고 생각했다. 아낙시만드로스는 바람을 공기의 흐름으로 정의했지만, 이것은 수 세기 동안 일반적으로 받아들여지지 않았다.

우박을 설명하는 이론은 아낙사고라스에 의해 처음 제안되었다. 그는 고도가 높아짐에 따라 기온이 낮아지고 구름에는 수분이 포함되어 있다는 것을 관찰했다. 그는 또한 열로 인해 물체가 상승했기 때문에 여름날의 더위는 구름을 습기가 얼어붙을 고도까지 몰아낼 것이라고 주장했다.

엠페도클레스는 계절의 변화에 대한 이론을 세웠다. 그는 대기에서 불과 물이 서로 대립한다고 믿었고, 불이 우위를 점하면 그 결과는 여름이고, 물이 우세할 때는 겨울이라고 생각했다.

이러한 초기 관측은 기원전 350년에 아리스토텔레스가 쓴 『기상학』의 기초를 형성했다.

아리스토텔레스의 『기상학』 표지

아리스토텔레스의 『기상학』은 세계 최초의 기상학에 관한 책이다. 이 책은 4권으로 구성되어 있다. 책에서 아리스토텔레스는 우주가 구형이라고 주장했고, 기본원소로 물, 불, 흙, 공기라는 사원소를 채택했다. 이제 『기상학』의 내용 중 일부를 들여다보자.

낮에 형성되는 증기 중 일부는 높이 올라가지 않는데, 그 이유는 그것을 일으키고 있는 불과 올라오는 물의 비율이 작기 때문이다.

― 아리스토텔레스의 『기상학』

이슬과 서리는 모두 하늘이 맑고 바람이 없을 때 발견된다. 하늘이 맑지 않으면 수증기가 솟아날 수 없고, 바람이 불면 응결될 수 없기 때문이다.

― 아리스토텔레스의 『기상학』

서리는 산에서 발견되지 않으며, 이는 증기가 높이 올라가지 않기 때문에 이러한 현상이 발생한다는 것을 증명하는 데 기여한다. 그 이유 중 하나는 그것이 움푹 패고 물이 많은 곳에서 솟아오르고, 그것을 들어 올리는 열은 너무 무거운 짐을 짊어지고 있기 때문에 그것을 높이 들어 올릴 수 없고 곧 다시 떨어뜨리게 하기 때문이다.

― 아리스토텔레스의 『기상학』

물리군 당시에도 일기예보가 있었나요?

정교수 처음에 사람들은 점성술을 통해 날씨를 예측했어. 고대의 일기예보 방법은 일반적으로 패턴 인식이라고도 하는 관찰된 이벤트 패턴에 의존했어. 예를 들어 일몰이 유난히 붉으면 다음 날에는 종종 맑은 날씨가 찾아오는 것을 통해 내일 날씨를 알 수 있었지. 최초로 일기예보에 관해 연구한 사람은 고대 그리스의 테오프라스토스야.

아리스토텔레스 이후 기상학의 발전은 오랫동안 멈춰 있었다. 테오프라스토스는 일기예보에 관한 책인 『바람과 날씨의 징후에 관하여』를 썼다. 테오프라스토스는 하루를 일출, 오전 중반, 정오, 오후 중반, 일몰로 나누어 연중 날씨의 변화를 연구했다. 그는 겨울에 비가 많이 내리면 봄은 건조할 거라는 예측도 내놓았다. 테오프라스토스의 연구는 거의 2,000년 동안 일기예보에 지배적인 영향을 미쳤다.

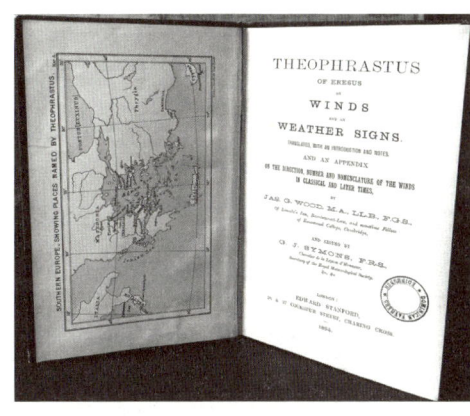

테오프라스토스가 쓴 『바람과 날씨의 징후에 관하여』

안티크톤에서 구름까지 _ 중세 기상학의 여정

정교수 서기 25년, 로마의 지리학자 폼포니우스 멜라(Pomponius Mela)는 처음으로 세계의 기후대에 관해 연구했어. 그는 지구를 북극지방, 남극지방, 북쪽 온대지방, 남쪽온대지방, 적도지방의 다섯 기후대로 나누었지. 그는 두 극지방은 너무 추워서, 적도지방은 너무 뜨거워서 사람이 살 수 없고, 두 개의 온대지방에 사람들이 살 수 있다고 생각했어. 로마를 비롯한 유럽의 나라들은 북쪽 온대지방에 속하지. 북쪽 온대지방과 남쪽 온대지방 사이에는 뜨거운 적도지방이 있어. 북쪽 온대지방 사람들이 남쪽 온대지방으로 이동하는 것은 불가능하고 생각했어. 그래서 그는 북쪽 온대지방과 접촉할 수 없는 남쪽 온대지방을 '안티크톤(antichthones)'이라고 불렀어.

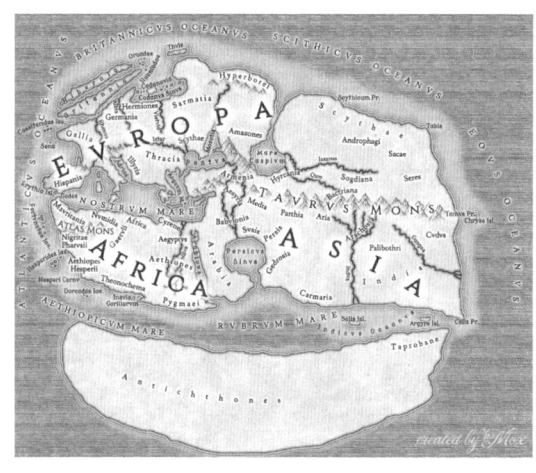

폼포니우스 멜라의 세계 기후대. 맨 아래쪽에 안티크톤이 자리 잡고 있다.

723년 영국의 수도사제인 성 베다(Saint Bede, 672~735)는 『시간의 계산에 관하여』라는 책을 냈는데, 이 책에서 기상학을 다루었다. 그는 책에서 구형의 지구가 낮의 길이 변화에 어떤 영향을 미치는지, 태양과 달의 계절적 움직임이 초승달의 모습 변화에 어떤 영향을 미치는지를 설명했다.

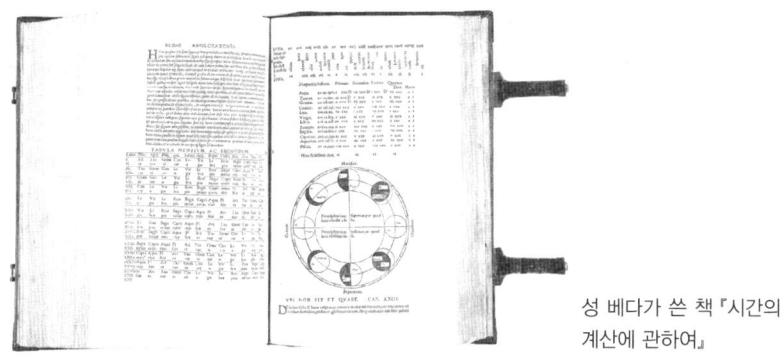

성 베다가 쓴 책 『시간의 계산에 관하여』

9세기에 아랍의 아브 디나워리는 『식물의 책』을 써서 아랍권 식물학의 창시자가 되었다. 그는 이 책에서 식물의 성장 단계와 꽃과 과일의 생산 단계를 설명했다.

아랍의 식물학자 아브 디나워리가 쓴 『식물의 책』

『식물의 책』 첫 부분에는 행성과 별자리, 태양과 달, 계절과 비에 대한 내용과 달의 위상, 바람, 천둥, 번개, 눈, 홍수와 같은 대기 현상 등의 기상학 개념이 소개되어 있다.

기상학은 수 세기에 걸쳐 계속 연구되고 발전했지만 14세기에서 17세기 사이의 르네상스 시대가 되어서야 이 분야에서 중요한 발전이 이루어졌다. 데카르트(Rene Descartes)는 『방법서설(Discourse on the Method)』(1637)에서 기상학을 다루었다. 그는 물방울이 비, 우박 및 눈으로 용해되어 구름이 형성된다고 주장했다. 그는 구름이 너무 커져서 공기가 견뎌내지 못해 비가 내린다고 설명했으며, 공기가 구름을 녹일 만큼 따뜻하지 않으면 구름이 눈이 되고, 차가운 바람을 만나면 우박이 된다고 설명했다. 데카르트 이전에 사람들은 구름이 젖은 공기들이 모여 있는 것으로 생각해왔다. 하지만 프랑스의 데카르트는 구름이 공기가 아니라 물방울로 이루어져 있다고 주장했다.

구름은 땅이나 바다에 있던 수증기를 많이 포함한 공기가 위로 올라가서 만들어진다. 공기가 위로 올라가는 이유는 공기가 더워지기 때문이다. 더운 공기는 부피가 팽창해 밀도가 주위보다 작아 위로 올라가는 부력을 받는다. 이렇게 위로 올라간 공기는 다른 차가운 공기와의 충돌로 에너지를 빼앗겨 온도가 내려간다. 이때 공기 속의 수증기가 온도가 내려가 액체 상태인 물방울로 바뀌어 떠 있는 것이 바로 구름이다.

공기의 무게를 측정하다_토리첼리와 대기압의 발견

정교수   이제 대기압 발견에 관한 역사를 살펴볼게. 대기란 지구를 에워싼 공기, 대기압이란 대기가 작용하는 압력을 말해.

물리군   공기가 무게를 가지고 있어 압력이 생기는군요.

정교수   맞아. 낙하법칙으로 유명한 이탈리아의 갈릴레이는 공기도 무게를 가지고 있다고 생각했어. 공기는 눈에 보이지는 않는 작은 입자들로 이루어져 있는데, 이 입자들이 무게를 가지고 있으므로 공기도 무게를 가진다는 것이 그의 생각이지. 공기가 무게를 가지고 있다는 걸 어디서 알 수 있지?

물리군   바람은 공기의 흐름이에요. 강한 바람에 구조물들이 쓰러지는 건 공기가 무게를 가지고 있기 때문이지요.

정교수   맞아. 그래서 사람들은 바람의 속도와 방향을 알 수 있는 풍속계를 만들기 시작했어. 최초의 풍속계는 1450년 이탈리아 건축가이자 작가인 알베르티(Leon Battista Alberti, 1404~1472)가 발명했어. 그 후 수 세기 동안 모양과 기능이 점점 진화했지. 1846년 아일랜드의 천문학자 로빈슨이 4개의 반

로빈슨의 풍속계

구형 컵과 기계식 바퀴를 사용하여 디자인을 개선했어.

천문학자 존 로빈슨(John Thomas Romney Robinson, 1792~1882, 아일랜드)

이제 대기압을 발견한 토리첼리의 이야기를 해볼게.

토리첼리는 1608년 로마에서 태어 났다. 그의 아버지는 직물 노동자였고 집안은 매우 가난했다. 그의 재능을 알아본 부모는 파엔차로 그를 유학 보 냈고, 카말돌라 수도사인 삼촌 자코모 가 그를 보살폈다. 1624년 토리첼리는 예수회 대학에 입학해 수학과 철학을 공부했고, 로마의 베네딕도회 수도사 이자 수학 교수이며 갈릴레이의 제자

에반젤리스타 토리첼리(Evangelista Torricelli, 1608~1647, 이탈리아)

인 베네데토 카스텔리(Benedetto Castelli)가 그의 스승이었다.

1632년 갈릴레이의 『두 개의 새로운 과학』이 출간된 직후, 토리첼리는 이 책에 심취해 갈릴레이를 만나고 싶어 했다. 카스텔리가 토리첼리의 발사체 경로에 대한 논문을 아르세트리의 별장에 갇혀 있던 갈릴레이에게 보냈고, 갈릴레이는 즉시 토리첼리를 초대했지만 그의 어머니가 갑자기 사망하는 바람에 갈릴레이를 만나러 갈 수 없었다. 1642년 1월 8일 갈릴레이가 사망한 후, 토리첼리는 갈릴레이의 뒤를 이어 피사 대학의 수학 교수가 되었다.

토리첼리가 대기압 측정 실험을 한 것은 1641년이었다.

실험 중인 토리첼리

1641년 이탈리아의 토리첼리는 수은이 담겨 있는 용기에 유리관을 거꾸로 꽂아보았다.

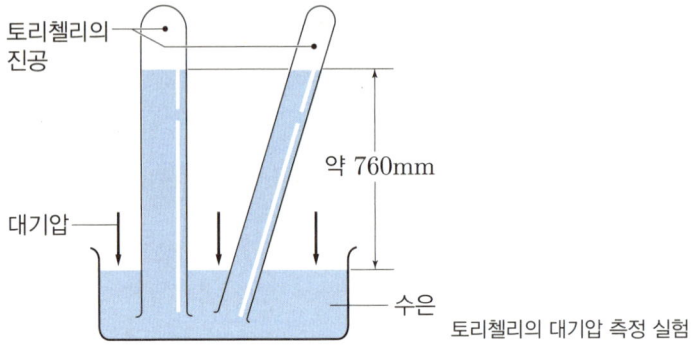

토리첼리의 대기압 측정 실험

공기는 무게를 가지고 있으므로 유리관 바깥쪽의 수은 표면에 압력이 작용한다. 이렇게 공기가 작용한 대기압 때문에 유리관 안의 수은은 위로 올라간다.

토리첼리는 한쪽 끝은 막혀 있고 다른 쪽 끝은 열려 있는 1.2m 유리관에 수은을 가득 넣고 손가락으로 열린 끝을 막은 다음, 뒤집어 용기에 넣고 손가락을 떼면 수은 일부가 유리관으로부터 내려와 용기 속을 채우고 유리관 안의 수은은 76cm 높이에서 멈춘다는 것을 알아냈다. 이때 유리관 안 수은의 꼭대기에는 아무것도 존재하지 않는데, 이곳이 바로 진공이다.

수은기둥이 76cm 높이에서 멈추는 이유는 공기가 누르는 압력과 평형을 이루는 수은기둥의 높이가 76cm이기 때문이다. 이 높이는 매일 달라진다. 기압이 높은 날은 더 긴 수은기둥이 누르는 압력과 평형을 이루게 되므로 수은기둥이 높이 올라가고, 반대로 기압이 낮은 날은 그보다 낮게 올라간다.

공기의 무게를 증명하다 _ 파스칼과 괴리케의 대기압 실험

정교수 이제 산 위로 올라가면서 기압을 측정한 과학자의 이야기를 해볼게.

파스칼(Blaise Pascal, 1623~1662)은 수은기둥의 높이가 위치에 따라 달라진다고 생각했다. 즉 수은기둥의 높이는 공기기둥의 높이와 관계되므로 산으로 올라가면 공기기둥의 높이가 낮아지므로 기압이 낮아져 수은기둥의 높이도 낮아질 것으로 생각했다. 그는 이것을 직접 실험해보고 싶었다.

하지만 당시 파스칼은 몸이 너무 아파 자신이 직접 실험을 할 수 없었다. 그래서 그는 처남인 페리에(Florin Perier)에게 이 실험을 맡겼다.

1648년 페리에는 프랑스 중부에 위치한 풀로 덮인 작은 사화산 퓌드 돔(Puy de Dome)을 등반했는데, 이곳은 정상 고도가 1,464m에 달했다. 그는 산 위로 올라가면서 수은 기압계로 기압을 측정했다. 그는 산 위로 올라갈수록 수은기둥의 높이가 줄어들어 산 정상에서는 8.5cm 정도 낮게 올라간다는 것을 알아냈다.

페리에가 수은 기압계를 이용해 산 위에서 기압을 측정하고 있다.

정교수   이제 최초로 일기예보를 한 괴리케의 이야기를 들려줄게.

오토 폰 괴리케(Otto von Guericke, 1602~1686, 독일)

괴리케는 1602년 독일의 마그데부르크시에서 태어났다. 괴리케는 어릴 때부터 수학과 물리학을 좋아했고 훗날 마그데부르크시의 시장이 되어 35년 동안 시의 발전을 위해 일했다. 시장으로서 바쁜 일상 속에서도 괴리케는 틈만 나면 취미인 물리 실험을 했다.

괴리케는 수은은 물보다 밀도가 13.6배가 더 크므로 물을 사용하면 물기둥의 높이가 10m까지 올라간다고 생각했다. 그 과정에서 그는 재미있는 생각을 떠올렸다. 그날그날의 기압에 따라 물기둥의 높이가 달라지는 것을 사람들에게 보여준다면 그날의 날씨를 알릴 수 있을 것이라는 생각이었다.

괴리케는 이 생각을 바로 실행에 옮겼다. 그는 놋쇠로 만든 길이 10m짜리 관을 집에 설치했다. 이 관의 위쪽 끄트머리에는 가늘고 긴 관을 가진 플라스크가 거꾸로 매달려 있고, 아래쪽 끄트머리는 물을 가득 채운 원통에 꽂혀 있었다. 그러면 대기압 때문에 관을 따라 물이 올라가는데, 기압이 낮으면 물의 높이는 낮아지고 기압이 높으면 물의 높이는 높아진다.

괴리케는 관 속에 있는 물에 사람 모양을 한 인형을 띄워 놓았다. 놋쇠 관은 투명하지 않아 물의 높이가 10m보다 낮을 때는 사람들이 인형을 볼 수 없었지만, 기압이 높아져 물의 높이가 10m보다 높아지면 인형을 볼 수 있었다. 이것이 바로 사람들에게 그날의 일기예보를 알려주는 장치였다. 기압이 낮아 인형이 보이지 않은 날은 영락없이 흐린 날이고 반대로 기압이 높아 인형이 잘 보이는 날은 맑은 날이었다. 괴리케의 물 기압계는 정확하게 날씨를 예보해주었다. 마을 사람들은 괴리케를 날씨를 알아맞히는 마법사처럼 여겼다.

물리군   기압이 낮으면 왜 날씨가 흐리죠?

정교수   그것은 공기들의 움직임과 관계가 있어. 공기들은 끊임없이 움직이고 있지. 그런데 공기 알갱이들이 조금 모여 있는 곳은 공기가 누르는 압력이 작아서 다른 지역보다 기압이 낮아. 그러면 주위의 수증기를 포함한 공기들이 그 지역으로 몰려들게 되고 결국 위로 솟아오를 수밖에 없어. 높이 올라갈수록 온도가 낮아지니까 공기 속의 수증기가 물방울로 응결되면서 구름이 만들어져. 그러므로 기압이 낮은 곳에는 구름이 많이 생겨 날씨가 흐리고 비가 올 확률이 높지. 반대로 고기압의 중심은 주위로 공기가 빠져나가니까 위로 올라갈 공기가 없어 구름이 안 생기고 날씨가 맑아.

물리군   그렇군요.

정교수   괴리케는 처음으로 진공을 만들 수 있는 공기펌프를 만들었어. 진공이란 공기 알갱이가 없는 곳을 말하는데, 공기가 채워져 있는 곳에서 펌프로 공기 알갱이를 뽑아내면 진공을 만들 수 있지.

처음 괴리케는 통에 물을 가득 채우고 통의 바닥에 펌프를 설치하여 통속의 물을 남김없이 끌어내면 통속에는 아무것도 없는 진공이 만들어질 거로 생각했다. 하지만 괴리케의 실험은 실패로 돌아갔다. 그것은 통의 판자 이음새로 공기가 빠져나갔기 때문이었다.

괴리케는 통의 판자 이음새를 모두 막고 다시 한번 펌프를 이용하여 물을 끌어냈다. 하지만 물이 점점 줄어들수록 펌프를 움직이는 일이 점점 힘들어졌다. 결국에는 세 남자가 힘을 합해 펌프질해야 할 정도였다. 하지만 이 방법도 실패로 돌아갔다. 마지막 순간에 통의 바닥이 통 속으로 빨려 들어가 버렸기 때문이었다.

괴리케는 생각을 바꾸어보았다. 물을 빼는 대신에 공기를 직접 빼서 진공을 만들어보기로 한 것이었다. 이 실험을 위해 괴리케는 밀폐된 공간으로부터 공기를 뽑아낼 수 있는 공기 펌프를 발명했다. 그리고 구리로 속이 빈 두 개의 반구를 만들었다. 반구는 공의 반쪽을 말하는데, 두 개의 반구는 가장자리가 딱 맞게 설계되었다.

괴리케는 반구와 같은 지름의 가죽 고리를 만들어 밀을 테레빈유에 녹인 용액에 담가두었다. 그리고 콕이 연결된 고리를 두 개의 반구 사이에 끼워 넣었다. 얼마 후 테레빈유는 모두 증발하고 두 개의 반구와 가죽 고리 사이에는 밀만 남아 구멍을 메웠다. 이제 두 개의 반구는 붙어서 공 모양이 되었다. 괴리케는 공기펌프를 이용하여 공 속의 공기를 뽑아내고 콕을 잠가 공기가 들어가는 것을 막았고 드디어 공 속을 진공으로 만들었다.

괴리케는 진공의 힘을 사람들에게 보여주고 싶어서 공개 실험을 하기로 했다. 1651년 페르디난도 황제는 이 소문을 듣고 자신이 보는 앞에서 실험을 하도록 명령했다.

괴리케는 각각의 반구에 말 여덟 마리를 연결하여 서로 반대 방향으로 반구를 잡아당기게 했다. 그러자 실로 놀라운 일이 벌어졌다. 두 개의 반구는 16마리의 말이 양방향으로 당기는 힘에도 분리되지 않고 공의 모양을 그대로 유지했던 것이다.

진공의 힘을 보여주는
괴리케의 실험

한참 후 말들은 힘겹게 두 개의 반구를 분리시켰다. 그러자 대포를 발사한 것 같은 거대한 소리가 울려 퍼졌다. 그것은 진공으로 공기가 아주 빠르게 밀려 들어가서 생긴 소리였다.

황제와 많은 사람들은 속이 진공인 두 개의 반구를 떼어 놓기가 힘들다는 것을 알았지만 괴리케는 사람들에게 두 개의 반구를 쉽게 떼어 놓을 수 있는 간단한 방법을 보여주었다. 괴리케가 두 반구 사이에 공기를 막아놓았던 콕을 열어 바깥의 공기가 두 개의 반구 안으로 들어가게 했더니 이제 어린아이가 두 반구를 잡아당겨도 반구가 분리되었다.

물리군 왜 두 개의 반구 속이 진공이 되었을 때는 두 반구를 떨어뜨려 놓기가 힘들었죠?

정교수 그것은 바로 공기의 압력인 대기압 때문이야. 두 개의 반구 속에 공기가 채워져 있을 때는 공 밖의 공기가 공을 누르는 압력과 공 속의 공기가 공을 누르는 압력이 같아. 그러므로 분리된 두 개의 반구는 쉽게 떨어질 수 있지.

 하지만 두 개의 반구 속이 진공인 경우 상황은 달라진다. 이때는 공 밖의 공기가 두 개의 반구를 미는 압력은 있지만 공 속에 공기가 없으므로 반구를 바깥으로 밀쳐 내는 힘은 존재하지 않는다. 그러므로 두 개의 반구는 공기의 압력으로 인해 공 안쪽 방향으로 강한 힘을 받는다. 이때 두 개의 반구를 떨어뜨리기 위해서는 공기가 두 개의 반구를 누르는 힘보다 더 큰 힘을 반대 방향으로 작용해야 한다. 그것이 바로 말 16마리가 두 개의 반구를 서로 반대 방향으로 잡아당기는 힘이다.

 이와 비슷한 상황은 태풍 때문에 지붕이 날아가는 장면에서도 볼 수 있다. 보통 때에 지붕 아래의 공기와 지붕 바깥의 공기는 서로 반대 방향으로 지붕에 압력을 작용한다. 즉 지붕 안의 공기는 지붕을 위로 올리는 압력을, 지붕 밖의 공기는 지붕을 위에서 누르는 압력을 작용시킨다.

 하지만 강한 태풍이 불어서 지붕 위의 공기를 순식간에 날려버리면 순간적으로 지붕 위는 진공 상태가 된다. 그러면 지붕을 위에서 누르는 힘이 지붕 안의 공기가 지붕을 위로 올리는 힘에 비해서 작기 때문에 지붕이 위로 올라가 날아가 버리게 된다.

구름 너머의 진실 _ 알프스를 오른 대기과학의 선구자 소쉬르

정교수 날씨를 이야기할 때, 하늘은 그저 변화무쌍한 배경처럼 느껴져. 맑다가 흐리고, 더웠다가 차가워지고, 구름이 생기고 비가 내리는 일들……. 그러나 이 모든 변화 뒤에는 눈에 보이지 않는 공기의 법칙이 있어. 18세기, 그 보이지 않는 법칙을 직접 산에 올라가서 관찰하고 실험한 과학자가 있었어. 그는 온도계를 들고 알프스산맥을 오르고, 머리카락을 이용해 공기의 습도를 측정했지. 그의 이름은 소쉬르야.

오라스 베네딕트 드 소쉬르
(Horace Bénédict de Saussure, 1740~1799, 스위스)

1740년 스위스 제네바 인근에서 태어난 소쉬르는 어머니의 오랜 병치레로 인해, 삼촌이자 박물학자인 샤를 보네의 손에서 자랐다. 이는 어린 소년에게 식물과 자연에 대한 특별한 호기심을 불러일으켰다. 20대 초반, 그는 이미 식물 표본을 채집하고 관찰을 기록하는 열정적인 식물학자이기도 했다.

1762년, 소쉬르는 제네바 아카데미의 교수가 되어 물리학, 형이상학뿐 아니라 지리학, 지질학, 기상학까지 가르쳤다. 그가 가장 중요하게 여긴 주제 중 하나는 공기의 특성이었다. 소쉬르는 대기의 기온, 습도, 기압, 고도에 따른 변화를 직접 측정하기 위해 장비를 개발하고, 직접 산에 올라 실험을 수행했다.

1759년, 오라스 베네딕트 드 소쉬르는 제네바 아카데미에서 열에 관한 논문을 발표하며 학업을 마쳤다. 이듬해인 1760년, 그는 식물학자로서의 관심을 살려 스위스의 해부학자이자 생리학자인 알브레히트 폰 할러를 위한 식물 표본을 수집하고자 알프스산맥의 몽블랑 기슭에 있는 샤모니 계곡을 여러 차례 방문하였다.

이 해, 소쉬르는 한 가지 특별한 제안을 한다. 몽블랑 정상에 최초로 오르는 사람에게 보상을 주겠다는 공표였다. 이는 과학의 이름으로 이루어진 최초의 고산 탐험 제안으로 평가되며, 이후 알프스 등반사에 지대한 영향을 끼치게 된다.

소쉬르의 학문적 뿌리는 어린 시절로 거슬러 올라간다. 그는 식물생리학자로 유명한 삼촌 샤를 보네에게 깊은 영향을 받으며 자랐다. 1762년, 불과 22세의 나이에 『관측(Observations)』이라는 책을 출판하였고, 같은 해 제네바 아카데미의 철학 교수로 선출되어 물리학과 형이상학을 강의하기 시작했다.

소쉬르는 단순한 철학 강의를 넘어, 지리학, 지질학, 화학, 심지어 천문학까지 강의 주제를 확장하였다. 그는 1786년까지 제네바 아카데미에 몸담으며 학문적 활동을 이어갔다. 그의 강의와 연구는 이론에만 머물지 않았다. 소쉬르는 현장을 중시하는 과학자였고, 스스로 계기와 도구를 들고 산과 들, 계곡과 하늘을 누비며 자연의 비밀을 밝혀냈다. 그의 발자취는 단지 산악 탐험에만 머물지 않았다. 소쉬르는 대기 과학의 기초를 세운 선구자이자, '측정하는 인간'으로서 과학의 길을 걸어간 대표적 인물이었다.

귀족 가문 출신임에도 불구하고 소쉬르는 시대를 앞서가는 자유주의적 시각을 지녔다. 그는 1774년, 제네바 대학의 과학 교육을 개혁하고자 계획을 제출했지만, 이 시도는 아쉽게도 받아들여지지 않았다. 그러나 그는 좌절하지 않고, 1776년에 런던의 예술 개선 협회에서 영감을 받아 제네바에 '예술 협회'를 설립하는 데 성공하였다. 이는 과학과 예술의 융합을 꾀한 새로운 시도였고, 지식의 대중화를 향한 그의 의지를 보여주는 결과였다.

소쉬르는 과학자이자 탐험가로서, 알프스의 눈과 바람 속을 오가며 자연의 비밀을 직접 마주하고자 했다. 1774년 초, 그는 미에주 빙하와 몽크라몽산을 따라 이탈리아 발베니 지역에서 장로랑 조르다네와 함께 몽블랑 정상을 향한 탐험을 시도했다. 그 도전은 실패로 끝났지만, 그는 멈추지 않았다. 1776년에는 3,096m의 뵈트산을, 1774년에는 크레몽산을, 1778년에는 그랑생베르나르 고개의 발소레 빙하를 탐험하였다. 이어 1780년에는 몽세니 고개의 로슈미셸 정상에 오르기도 했다. 1785년에는 에기유뒤구테르 경로를 따라 몽블랑 등반을 시도했으나 또 한 번 실패를 맛보았다. 하지만 그 실패조차도 다음 해의 성공을 향한 발판이 되었다.

　1787년 마침내 소쉬르 자신이 세 번째 등반으로 몽블랑 정상에 올랐다. 그의 몽블랑 정복은 단지 학문적 성취에 그치지 않았다. 그것은 샤모니와 같은 알프스 지역을 유럽의 주요 관광지로 떠오르게 하는 데 결정적 역할을 하였다.

알프스산맥의 최고봉이자 서유럽의 최고봉인 몽블랑

알프스를 오르는 소쉬르

소쉬르는 하늘과 대기의 숨결을 재는 데도 깊은 관심을 보였다. 그는 대기 현상을 정량적으로 측정하기 위해 지구 자기장을 측정하는 자기계, 하늘의 색이 얼마나 파란지를 숫자로 표현하는 시아노미터, 대기 투명도 측정기, 풍속계 등 다양한 장비를 고안하거나 개선하였다. 특히 1783년 발표한 『습도에 관한 시론(Essais sur l'Hygrométrie)』에서 소개된 모발 습도계는 대기의 습도, 증발, 구름, 안개, 비 등을 정밀하게 측정할 수 있는 혁신적인 도구였다.

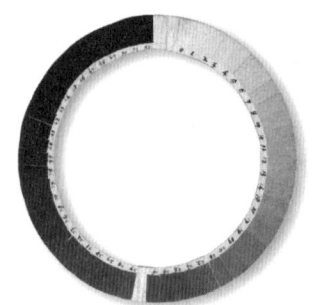

시아노 미터

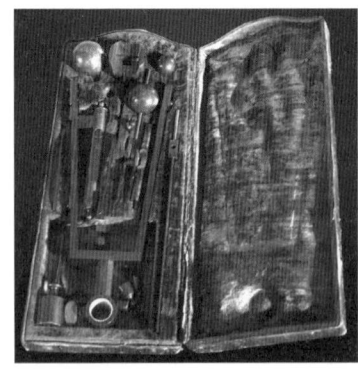

풍속계

소쉬르는 기압계와 온도계를 가지고 몽블랑 정상에 오르는 내내 측정했다. 그는 1648년에 파스칼과 페리에가 가지고 다니던 기압계보다 더 작고 휴대가 간편한 기기를 사용할 수 있었다.

소쉬르는 지구과학자이자 산악인이었다. 그것은 도전적인 등반이었다. 고산병으로 몸이 약해져 산에서 보내는 시간을 조금 줄여야 했지만, 소쉬르가 측정한 것은 매우 가치 있는 것이었다. 그는 대기 중 높이에 따라 기온이 100m당 약 0.7℃ 감소한다는 것을 보여주었다. 소쉬르는 자신의 연구 내용을 『알프스 여행기』라는 책을 통해 발표했다.[9] [10] [11]

구름에 이름을 붙이다 _ 하워드가 본 하늘의 질서

정교수 이제 높이에 따라 다른 모양으로 생기는 구름에 이름을 붙인 하워드에 관해 이야기해볼게.

---

9) Horace Bénédict de Saussure, Voyages dans les Alpes Vol.1 (1779) S. Fauche.

10) Horace Bénédict de Saussure, Voyages dans les Alpes Vol.2 (1786) Barde, Manget & Compagnie.

11) Horace Bénédict de Saussure, Voyages dans les Alpes Vol.3 and Vol.4 (1796) L. Fauche-Borel.

루크 하워드(Luke Howard, 1772~1864, 영국)

하워드는 영국 런던에서 태어났다. 아버지는 양철을 만드는 제조업자 로버트 하워드였고, 어머니 엘리자베스는 조용하고 독실한 퀘이커 교도였다. 하워드는 어릴 적부터 유별나게 고요한 아이였다. 시끄럽고 화려한 장난감보다는 하늘을 올려다보며 구름의 흐름을 눈으로 좇는 데 더 큰 즐거움을 느꼈다.

하워드가 다닌 학교는 옥스퍼드서 버포드에 있는 퀘이커 문법학교였다. 문법학교는 라틴어와 고전 교육을 중심으로 한 엄격한 학교였다. 퀘이커 교단이 운영하는 이곳은 도덕과 신앙, 근면을 특히 강조했다. 그러나 그곳은 그가 원하던 조용한 배움의 공간이 아니었다. 교장은 학습 속도가 느린 학생을 매질하며 다그쳤다. 하워드는 사람보다는 자연이 덜 위협적이라고 느꼈다. 그날 이후로, 그는 더 자주 하늘을 보았다.

하워드의 첫 직업은 약사였다. 그는 잉글랜드 북서부 체셔(Cheshire)의 스톡포트(Stockport)에서 약국 견습생으로 일했고, 이후 런던 비숍스게이트의 약국에서 실무를 익혔다. 얼마 후 그는 런던 플릿 스트리트(Fleet Street)에 자신의 약국을 열었다. 그것은 작은 가게였지만, 그의 첫 번째 실험실이었다. 밤이면 그는 약국 뒷방에서 하늘을 관찰하고, 낮에는 약을 조제했다. 손은 약을 만들었고, 눈은 구름을 분류했다.

1798년 하워드는 동료 퀘이커 교도였던 윌리엄 알렌(William Allen)과 함께 '알렌 앤 하워드(Allen & Howard)'라는 제약 회사를 세웠다. 두 사람은 런던 동쪽 플라이스토우(Plaistow)의 습지에 공장을 세웠다. 그 공장은 시간이 지나면서 '하워드 앤 선스(Howards and Sons)'라는 이름으로 성장했고, 산업용 화학과 제약 분야에서 성공을 거둔 회사가 되었다. 그는 사업가였지만, 동시에 관찰자와 기록자로서의 자리를 잊지 않았다.

하워드 앤 선스(1987년)

하워드는 구름을 단지 하늘에 떠다니는 수증기로 보지 않았다. 그는 그것을 질서 있게 이름 붙일 수 있는 존재, 관찰과 기록을 통해 이해할 수 있는 자연의 언어로 바라보았다. 1803년, 그는 자신의 생각을 모아 한 권의 수필을 발표했다. 제목은 『구름의 변형에 관하여(On the Modification of Clouds)』[12]였다.

이 책에서 하워드는 세 가지 기본 구름 형태를 다음과 같이 제시했다.

- 권운(Cirrus): 하늘 가장 높은 곳에서 형성되는 구름이다. 얇고 길게 퍼진 실모양을 하고 있으며, 얼음 결정으로 구성되어 있다. 가볍고 하늘하늘하며, 태양 빛을 받아 반짝이기도 한다. 비를 예고하는 전조 구름이 되기도 한다.
- 적운(Cumulus): 가장 눈에 띄는 구름이다. 낮은 고도에서 형성되며, 아래는 평평하고 위는 솟아오르는 돔형 구조를 가진다. 흔히 '솜사탕 구름'이라고 불린다. 맑은 날씨에 자주 보이지만, 크게 발달하면 천둥 구름이 되기도 한다.
- 층운(Stratus): 대기 가장 낮은 곳에서 생기는 구름이다. 회색빛이며, 하늘을 넓게 덮는 넓적하고 얇은 구름층이다. 비가 내리기 직전이나 안개가 끼는 날씨에 자주 나타난다. 햇빛을 거의 통과시키지 않는다.

하워드는 이 세 가지 기본 형태로부터 네 개의 다른 형태의 구름인 권적운, 권층운, 적층운, 난운을 다음과 같이 정의했다.

---

12) Luke Howard, On the Modification of Clouds, (1832) Harvey and Darton.

- 권적운(Cirrocumulus): 권운에서 파생된 구름으로, 높은 하늘에 떠 있는 둥근 작은 조각구름들이 모여 있는 모습이다. 얇은 얼음 결정으로 이루어져 있으며, 잔물결처럼 퍼진 모습을 보인다. 섬유 모양이 아래로 무너지는 듯한 시각적 구조를 가진다.
- 권층운(Cirrostratus): 역시 권운에서 파생되었으며, 얇고 넓게 퍼진 반투명한 막처럼 보인다. 햇빛이나 달빛을 통과시키며, 주변에 햇무리나 달무리(halo 현상)를 만든다. 날씨 변화의 전조로 여겨진다.
- 적층운(Stratocumulus): 적운이 넓게 퍼지면서 형성된 구름이다. 하늘을 넓게 덮지만, 덩어리가 뚜렷한 구름들이 나란히 이어지는 모습이다. 흔히 흐린 날씨의 하늘에서 볼 수 있으며, 약한 비를 동반하기도 한다.
- 난운(Nimbostratus): 비 또는 눈을 내리는 구름이다. 두껍고 어둡고, 하늘 전체를 뒤덮는다. 지속적인 강수를 유발하며, 천둥이나 번개 없이 조용히 비가 내릴 때 주로 나타난다.

하워드는 분류 체계뿐 아니라 직접 그린 구름 그림도 수록했다. 수채화와 스케치는 그의 스케치북에서 가져온 것이었으며, 풍경 배경은 전문 화가 에드워드 케니언이 그렸다. 출판용 판화는 토마스 밀턴이 맡았고, 실제 묘사는 원본에서 다소 수정되었다. 하워드는 과학자였지만, 동시에 시각적 관찰의 섬세함을 중시했다. 그는 구름의 형태를 단지 수치로 설명하는 것이 아니라, 보이는 모습 자체로 기억되기를 원했다.

좌측 위로부터 시계방향으로 권층운, 권적운, 적층운

적층운

물리군 구름이 하늘에 떠 있으면 언제나 비가 내리는 건가요?

정교수 꼭 그렇진 않아. 1802년 하워드가 알아낸 비의 이론을 토대로 설명해줄게. 구름은 대부분 아주 작은 물방울들로 이루어져 있는데, 그 크기가 대개 0.01mm 정도밖에 안 되지. 이렇게 작으면 공기 중에 그냥 둥둥 떠 있어 비로 떨어지진 않아.

물리군 그럼 비가 되려면 물방울이 얼마나 커져야 해요?

정교수 좋은 질문이야. 비로 떨어지려면 물방울이 적어도 1mm 이상은 되어야 해. 그 말은 곧 수많은 물 분자가 서로 달라붙어야 한다는 뜻이지. 그런데 문제는 이게 쉽게 일어나지 않는다는 거야.

물리군 왜요? 물방울끼리 잘 달라붙지 않나요?

정교수 구름은 보통 아주 높은 하늘, 그러니까 기온이 매우 낮은 곳에서 생기거든. 그래서 그 안에는 물방울만 있는 게 아니야. 얼음 알갱이들도 함께 떠다니지. 이 얼음 결정에 작은 물방울들이 달라붙으면 훨씬 더 쉽게 커지고 무거워져.

물리군 그럼 그 얼음에 붙은 물방울이 땅으로 떨어지는 건가요?

정교수 맞아. 그렇게 무거워진 얼음 알갱이는 중력에 끌려 아래로 떨어지고, 떨어지는 도중 온도가 올라가면 얼음이 녹아서 비가 되는 거지. 반대로 기온이 계속 낮다면 눈이 되어 땅에 내려앉게 되지.

물리군 그러니까 비가 될지 눈이 될지는 구름 속에서 생긴 얼음 덩어리가 내려오면서 만나는 공기 온도에 따라 결정된다는 말씀이시군요.

정교수 정확히 이해했구나. 구름은 그냥 떠 있는 물방울이고, 비는 커진 물방울이 땅으로 떨어지는 것, 눈은 얼음이 녹지 않고 그대로 떨어지는 것이라고 보면 돼.

물리군 구름은 단지 모양만 다른 줄 알았는데, 그 안에 이렇게 복잡한 이야기가 숨어 있었네요.

뜨거워지는 도시, 흐려지는 하늘 _ 열섬과 스모그 현상

정교수 1800년대 초, 런던은 산업혁명의 심장부였어. 굴뚝에서는 연기가 피어올랐고, 마차와 사람, 석탄과 연탄, 돌과 유리가 얽혀 거대한 도시를 이루었지. 그 한복판에서 하워드는 매일 온도를 쟀어. 그는 1801년부터 런던의 도심과 교외의 기온을 비교하는 기록을 남겼지. 매일 아침, 낮, 저녁 기온을 손으로 적어 나갔고, 계절이 바뀌어도, 해가 바뀌어도, 그 일은 꾸준히 반복되었어.

물리군 도심과 교외의 기온 차가 있었나요?

정교수 물론. 도시가 더 따뜻하다는 걸 하워드는 알아냈어. 도시 기온이 시골보다 평균 1~2도 정도 더 높다는 사실을. 당시 누구도 주목하지 않던 이 현상에 그는 주목했지. 하워드는 단지 수치만 나열한 게 아니라, 도시의 건물, 도로, 연료 사용, 인구 밀도 등이 밤에 열을 저장하고 서서히 방출하기 때문에 기온이 쉽게 내려가지 않는다는 것을 알아냈어.

> 도시의 온기는 사방으로 방사되며, 이는 자연의 기온보다 분명히 높다.
>
> – 루크 하워드

하워드는 이 관측을 자신의 저서 『런던의 기후(The Climate of

London)』에 담았다. 그는 전문 기상학자가 아니었지만, 그의 기록은 '열섬 현상(Urban Heat Island)' 개념의 최초 관찰 사례로 인정받는다. 20세기 중반, 이 현상은 정식 용어로 자리 잡았고, 지구온난화, 도시 기후, 에너지 정책과 관련된 핵심 개념으로 발전했다. 하지만 그 모든 시작은 하워드가 매일매일 지면 위의 온도계를 들여다보며 적어 내려간 작은 수첩에서 비롯되었다.

물리군 왜 '열섬'이라고 부르죠?

정교수 열섬은 말 그대로 '도시가 열로 뒤덮인 섬처럼 보인다'는 뜻이야. 열섬 현상의 주요 원인은 다음과 같아.

- 아스팔트와 콘크리트: 햇빛을 흡수하고 열을 저장한 뒤, 밤에도 천천히 방출한다.
- 건물 밀집: 공기의 흐름이 막혀 열이 빠져나가지 못한다.
- 자동차, 공장, 에어컨: 스스로 열을 만들어내며 주변 기온을 올린다.
- 녹지 부족: 식물이 적으면 증산작용이 줄어들어 기온을 식히는 효과가 줄어든다.

물리군 열섬 현상을 막으려면 어떻게 해야 하나요?

정교수 대표적인 해결 방법은 다음과 같아.

- 녹지와 숲 늘리기: 공원, 가로수, 옥상 정원 등
- 밝은색 건축 자재 사용: 태양 복사 반사율을 높여 열 흡수를 줄인다.
- 바람길 확보: 고층 건물 사이의 바람 통로 설계
- 친환경 교통 확대: 차량 수를 줄이고 대중교통 중심으로 전환

도시가 열로 뒤덮인 섬처럼 보이는 '열섬 현상'

정교수   이번에는 하워드가 발견한 스모그 현상에 대해 알아볼게.

물리군   스모그가 뭐죠?

정교수   스모그(smog)는 두 단어가 합쳐진 말이야. 스모크(smoke, 연기)와 포그(fog, 안개). 공장에서 나오는 연기, 난로에서 피워낸 석탄 연기, 마차에서 흘러나온 먼지 같은 오염 물질이 차가운 아침 공기 아래에 가라앉아 움직이지 못하고 갇히게 되지. 이때 그 주변의 수증기가 응결해서 오염 물질에 달라붙으며 두꺼운 안개층이 형성되는데, 이것을 '스모그'라고 불러.

물리군 스모그는 안개의 일종인가요?

정교수 스모그는 안개와 달라. 보통 안개는 수증기가 찬 공기에서 물방울로 변해 뿌옇게 변한 것이지만, 햇볕이 뜨면 물방울이 다시 기화하면서 금세 사라져. 하지만 스모그는 오염 물질을 포함하고 있어서 해가 떠도 잘 걷히지 않고, 눈이 따갑고 숨쉬기 불편한 유해 공기가 되어버리지.

물리군 위험한 거였네요. 그냥 뿌연 안갠 줄 알았어요.

정교수 많은 사람이 그렇게 생각하지. 하지만 이건 자연 현상이 아니라 사람이 만들어낸 기상 재해에 가까워. 앞으로 더 많은 도시가 생기고 공장이 늘어난다면, 이 스모그는 훨씬 심각한 문제가 될 수 있어.

물리군 교수님 말씀대로라면 도시에서 연기를 줄이는 게 중요하겠네요.

정교수 맞아. 대류가 일어나지 않는 아침, 지표면에 가까운 차가운 공기층, 산업 오염물질, 이 셋이 합쳐질 때 스모그가 만들어지지.

런던 스모그

네 번째 만남

대기권 발견과 구름 위의 과학자들

구름 위로 간 사람들 _ 열기구와 대기과학의 탄생

정교수   이제 대기권 발견의 역사를 살펴볼 거야.

물리군   대기가 뭐죠?

정교수   '대기(atmosphere)'란 지구를 둘러싸고 있는 공기의 층을 말해. 우리가 숨 쉬고, 구름이 생기고, 바람이 부는 모든 현상은 바로 이 대기 속에서 일어나는 일이야.

대기권에 관한 연구는 1783년 몽골피에 형제가 최초의 열기구 비행에 성공하면서 시작되었다. 프랑스의 종이 제조업자였던 몽골피에 형제는 '공기는 가열하면 위로 올라간다'라는 간단한 원리를 실험하다가 놀라운 발명을 하게 되었다. 바로 세계 최초의 유인 열기구이다.

몽골피에 형제의 열기구 비행

그들이 만든 열기구는 뜨거운 연기를 가득 품고, 1,000m 이상의 상공까지 날아올랐다. 이 비행은 인류가 처음으로 고층 대기를 직접 경험한 순간이었고, 대기가 단순히 '공기'만이 아니라, 높이에 따라 성질이 변하는 연속적인 층이라는 가능성에 눈을 뜨게 만든 계기였다.

1804년 9월, 프랑스의 젊은 과학자 조제프 루이 게이뤼삭(Joseph Louis Gay-Lussac)은 과감한 실험을 계획했다. 바로 수소를 이용한 기구를 타고 하늘로 올라가 대기의 비밀을 직접 조사하는 것이었다. 그는 친구이자 물리학자였던 비오(Biot)와 함께 파리에서 기구를 띄워, 7,000m 상공까지 도달했다. 이는 당시 인간이 도달한 가장 높은 고도였고, 그곳은 이미 산소가 매우 희박하고 기온도 급격히 낮아지는 극한의 환경이었다. 게이뤼삭은 그 높은 곳에서도 공기 샘플을 채취하고 기온을 측정하며, 기압의 변화를 꼼꼼히 기록했다.

기구에 올라타 대기를 관찰하는 게이뤼삭과 그의 친구 비오

정교수　19세기 중반, 영국은 산업혁명과 과학 발전의 열기로 들끓고 있었어. 이 시기, 하늘을 향한 인류의 시선도 점점 높아지고 있었는데, 그 선봉에 선 인물이 바로 글레이셔였어.

제임스 글레이셔(James Glaisher, 1809~1903)

글레이셔는 1809년 런던 로더하이드(Rotherhithe)에서 태어났다. 그의 아버지는 시계를 제작하던 장인이었고, 정밀함과 시간을 다루는 기술 속에서 자란 글레이셔는 어릴 때부터 자연의 질서에 관심을 품었다.

청년 시절 글레이셔는 케임브리지 천문대에 들어가 1833년부터 1835년까지 주니어 조교로 일하며 천문학 연구의 첫걸음을 떼었다. 이후 그는 런던 근교의 그리니치 왕립 천문대(Royal Observatory)로 자리를 옮겼고, 이곳에서 무려 34년간 기상 및 지자기(地磁氣) 관측 부문을 책임지는 감독관으로 재직했다.

글레이셔의 주요 업적 중 하나는 1845년 발표한 '이슬점(Dew

Point) 표'이다. 이 표는 공기 중의 습도를 정밀하게 측정하고 해석하는 데 있어 큰 진전을 가져왔으며, 이후 기상학 전반에 걸쳐 널리 활용되었다. 특히 이슬점은 상대습도 개념의 정립과 기상관측의 정량화에 결정적 역할을 했다. 글레이셔의 공로는 과학계에서도 인정받아, 1849년 6월, 그는 자연과학자라면 누구나 꿈꾸는 왕립학회(Fellow of the Royal Society, FRS) 회원으로 선출되었다.

글레이셔는 인생의 절반이 넘는 53년 동안 그리니치 천문대에서 조용히 연구하며, 기상학의 기초를 다졌다. 그러던 1862년, 전환점이 찾아왔다. 영국 과학 진흥 협회(British Association for the Advancement of Science)는 당시 미지의 영역으로 여겨졌던 상층 대기의 과학적 조사에 대한 프로젝트를 추진하려 했고, 이를 이끌 적임자로 글레이셔를 선택했다. 그들은 실험을 위해 '매머드(Mammoth)'라는 이름의 거대한 열기구를 제작했고, 열기구 전문 조종사 헨리 콕스웰(Henry Coxwell)을 고용했다. 글레이셔는 콕스웰과의 첫 훈련 비행에서 이 프로젝트에 완전히 매료되었다.

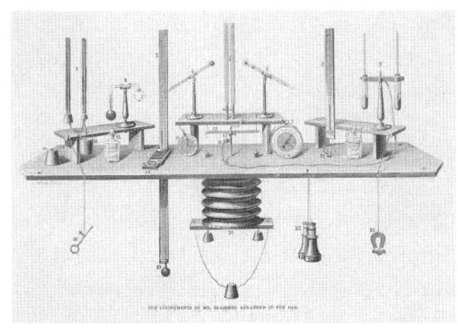

열기구 '매머드'에 싣고 간 기압계와 온도계, 습도계

1862년 9월 5일, 글레이셔와 콕스웰은 거대한 열기구를 타고 영국 우스터셔주에서 이륙했다. 그들은 3,000m, 5,000m, 7,000m의 높이까지 올라갔다. 이 높이는 최초로 시도된 고도였다. 그들은 더 높이 올라가려 했다.

열기구에 탄 글레이셔와 콕스웰

글레이셔의 목표는 대기의 비밀을 밝혀내는 것이었고, 위험은 계산에 넣지 않았다. 고도 8,000m에 이르자 공기는 점점 희박해졌고, 기온은 급격히 떨어졌다.

그리고 9,000m 부근에 도달했을 때 재난이 시작되었다. 글레이셔는 산소 부족으로 팔과 다리를 움직일 수 없게 되었다. 시야는 흐려졌고, 언어도 마비되었다. 그는 기구 바구니 한쪽에 축 늘어진 채로 "콕스웰…, 콕스웰…." 하고 속으로만 되뇌었으나 목소리는 나오지 않았다.

콕스웰 역시 상황이 심각하다는 것을 느꼈다. 그러나 그 또한 손가락이 얼어붙고 입술이 파랗게 변하고 있었다. 열기구가 계속 상승하면 둘 다 죽을 것이 분명했다. 그때 그는 입으로 줄을 물고, 치아로 가스 배출 밸브를 물어뜯는 방법으로 기구를 서서히 하강시키기 시작했다.

9,000m 상공에서 위험에 처한 글레이셔(오른쪽)와 콕스웰

방대한 데이터를 수집한 덕분에, 글레이셔는 풍선의 상승 과정을 시각적으로 표현할 수 있는 독창적인 그래픽 방법을 고안해냈다. 그의 그래프는 단순한 숫자 나열이 아닌, 하늘로의 여정을 담은 한 편의 이야기와도 같았다. 이 그래프에는 시간에 따라 변화하는 고도, 고도에 따른 온도 변화, 풍선이 지나간 지리적 경로, 심지어 고도가 높아질수록 짙어지는 하늘빛의 청색 변화까지 담겨 있었다. 그는 이 그림들을 1871년에 출간한 열기구 탐험기 『하늘을 여행하며(Travels in the Air)』에 실었다.

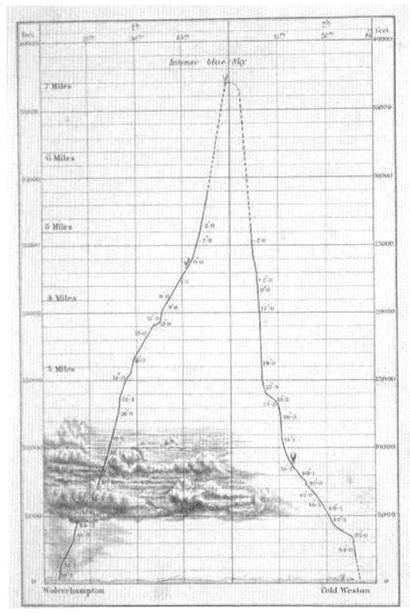

1862년 9월 5일 비행 기록지

1863년 7월 21일 비행 기록지

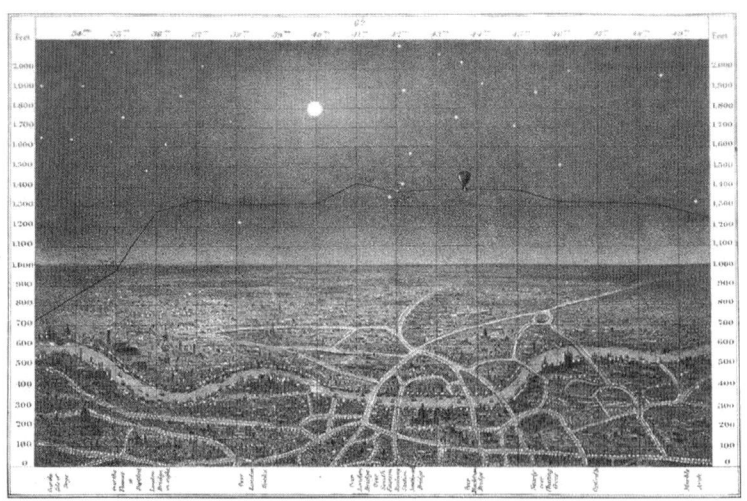

1865년 10월 2일 런던 상공 비행 기록지

하늘을 나눈 선 _ 성층권 발견 이야기

정교수 이제 성층권을 발견한 두 과학자에 관해 이야기할게. 먼저 프랑스의 기상학자 드 보르의 이야기를 해볼게.

테스랑 드 보르(Léon Philippe Teisserenc de Bort, 1855~1913, 프랑스)

드 보르는 프랑스 남부의 도시 칸에서 태어났다. 그의 아버지는 엔지니어였고, 드 보르는 어릴 적부터 기술과 과학이 녹아든 환경 속에서 자랐다. 그는 1880년, 파리에 있는 프랑스 정부 산하의 국립 기상학 관리 센터(Bureau Central Météorologique)에 입사하면서 본격적인 과학자로서의 길을 걷기 시작했다. 그곳에서 그는 기상학과의 연구원으로 근무하며, 하늘을 향한 첫 발걸음을 내디뎠다.

이후 드 보르는 1883년, 1885년, 1887년 세 차례에 걸쳐 북아프리카로 과학 탐사 여행을 떠났다. 이번에는 하늘이 아니라 땅과 지구 자기장을 연구하기 위한 여정이었다. 그는 직접 험한 지형을 오르내리며 고도 4,000m에서의 압력 분포에 대한 귀중한 차트들을 만들어냈고, 이는 이후 그의 기상 연구에 결정적인 밑거름이 되었다.

프랑스 파리 외곽 트라프스의 작은 기상관측소에서 드 보르는 매일 하늘을 올려다보았다. 그가 사용한 도구는 특별한 것이 아니었다. 종이와 비단으로 만든 가벼운 풍선, 그리고 그 안에 담긴 수소나 헬륨 같은 가스가 전부였다. 하지만 그는 이 소박한 풍선을 통해 하늘 위의 세계를 열어젖혔다.

드 보르의 풍선은 줄에 묶여 있지 않았다. 바람을 따라 자유롭게 날아오른 풍선은, 고도가 올라가며 점차 기압이 낮아지고 가스가 팽창하면 결국 상승력을 잃고 천천히 지상으로 떨어졌다. 오늘날과 달리, 그 당시의 풍선은 데이터를 전파로 보내지 못했다. 그는 직접 풍선을 추적해 회수했고, 장치 안에 기록된 온도와 기압 데이터를 일일이 분석해야 했다.

드 보르는 풍선 하나에 온도계와 기압계를 싣고, 수백 번이나 실험을 반복했다. 그렇게 쌓은 데이터는 무려 200개에 달했다. 풍선들이 남긴 숫자들 속에서 그는 이상한 패턴 하나를 발견했다. 대기의 온도는 고도가 높아질수록 떨어져야 정상인데, 어떤 높이 이상에서는 더 이상 온도가 내려가지 않았다. 그는 약 11km 높이까지 기온이 꾸준히 감소하다가 이 고도 이상에서는 기온이 일정하게 유지된다는 것을 알아냈다.

드 보르는 이 결과를 처음에는 실험 오류라고 생각했다. 온도계가 태양의 복사열에 영향을 받은 것이 아닌지 의심했다. 그래서 그는 한

밤중에도 풍선을 띄워가며 오류를 제거하려 애썼다. 그럼에도 불구하고, 정온 현상은 반복되었다. 그는 혼란스러웠다. 당대의 상식과 어긋나는 결과였다. 하지만 과학자는 자신이 보고 들은 것을 믿어야 했다. 드 보르는 결국 결론을 내렸다. 대기에는 두 개의 층이 존재한다. 아래쪽은 온도가 계속 떨어지는 대류의 영역이고, 그 위는 온도가 일정한 정온 영역이다. 1902년 4월 28일, 그는 프랑스 과학 아카데미에서 그 사실을 공식 발표했다.[13]

드 보르는 대류가 멈추는 이 새로운 대기층에 '성층권(stratosphere)'이라는 이름을 붙였고, 온도가 위로 올라갈수록 감소하는 대기층을 '대류권'이라고 불렀다.

성층권을 발견한 또 다른 과학자는 독일의 기상학자 리하르트 아스만이다. 본래 의사였던 그는 1868년 독일 베를린 대학에서 의학 박사학위를 받은 뒤, 조용한 시골 마을 바트 프라이엔발데에서 9년 동안 지역 주민들을 돌보며 일반의로 일했다. 그러나 그의 눈은

사진 왼쪽에 있는 이가 리하르트 아스만 (Richard Assmann, 1845~1918, 독일)이다.

---

13) Léon Philippe Teisserenc de Bort, "Sur les variations de la température de l'air avec l'altitude dans la haute atmosphère"(고층 대기에서의 고도에 따른 기온 변화에 대하여), Comptes Rendus de l'Académie des Sciences de Paris, vol. 134, 1902.

땅 위에 머무르지 않았다. 날씨와 하늘에 대한 관심은 점차 깊어졌고, 병을 진단하듯 대기를 진단하고 싶다는 갈망으로 이어졌다.

1879년 아스만은 마그데부르크로 돌아가 진료를 이어가는 한편, 과학자로서의 삶을 준비했다. 결국 1885년 할레 대학 철학부에서 또 하나의 박사학위를 받고, 기상학자로서의 인생을 시작하게 된다.

아스만은 베를린 근교 그뤼나우에 있는 왕립 기상연구소에서 과학장교로 임명되어, 본격적으로 하늘을 관측하고 실험하는 일을 맡았다. 의학에서 배운 정밀함은 그의 관측에 고스란히 녹아들었고, 그는 곧 대기 상층의 온도 변화와 기압 구조를 해석하는 데 있어 중요한 인물이 되었다.

아스만은 복사열의 영향을 줄이기 위해 공기를 강제로 흡입시키는 방식의 정밀한 온도계를 직접 고안했다. 이것이 바로 '아스만 흡입 온도계(Assmann aspiration psychrometer)'이다.

아스만은 기존의 종이와 비단으로 만든 관측 풍선 대신, 고무로 만든 팽창성 풍선(expansible balloons)을 개발했다. 이 풍선은 더 높이 날 수 있었고, 고도에 따라 기압이 낮아지면 풍선이 팽창하다가, 일정 고도에서 결국 폭발했다. 이로 인해 '폭발하는 풍선(exploding

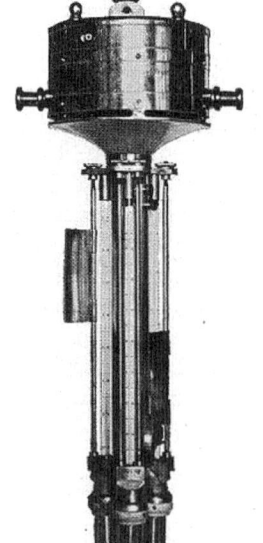

아스만 흡입 온도계

balloons)'이라고도 불렸다. 풍선이 폭발한 뒤에는 측정 장비들이 작은 낙하산을 타고 지상으로 돌아왔다. 그 안에는 대기 상층의 기온, 기압 변화가 고스란히 담겨 있었다. 그가 수집한 수많은 데이터 속에서 한 가지 이상한 패턴이 반복되었다. 고도 11km 위로 온도가 일정해지는 성질을 가진 부분이 존재했다. 아스만은 이 놀라운 결과를 1902년 5월 1일 공식적으로 발표했다.[14] 그는 자신이 최초라고 생각했지만, 그보다 며칠 앞서 프랑스 과학 아카데미에서 드 보르가 동일한 내용을 먼저 발표했다는 사실은 알지 못했다. 오늘날 우리는 드 보르와 아스만을 성층권의 공동 발견자로 부른다.

물리군 성층권이 시작되는 고도는 11km이군요.
정교수 위도에 따라 달라. 적도 근처에서 20km, 중위도에서는 약 10~15km, 극에서는 약 8~9km 정도이지.

보이지 않는 하늘의 경계선들 _ 오존층에서 열권까지

정교수 지구의 대기는 지구와 생명체를 보호하는 역할을 해. 그 중심에 있는 것이 바로 '오존층(Ozone layer)'이야. 태양에서 오는 강력

---

14) Richard Assmann and Rudolf Scholz, "Die Strahlungstemperatur in der oberen Troposphäre" (대류권 상층의 복사온도에 대하여), Meteorologische Zeitschrift Vol. 19, 1902.

한 자외선(UV)을 흡수하여 지구 생명체를 보호하지.

물리군   오존은 뭐죠?

정교수   보통의 산소분자는 산소원자 두 개로 이루어져 있어. 그런데 산소원자 세 개로 이루어진 분자도 있는데, 이것을 '오존'이라고 불러. 오존(O_3)이라는 기체는 1839년 크리스티안 프리드리히 쇤바인(Christian Friedrich Schönbein)이 발견했어. 그는 실험 중 특유의 자극적인 냄새가 나는 기체를 포착했고, 그리스어 'ozein(냄새)'에서 따와 오존이라 이름 붙였어.

물리군   오존층은 뭐죠?

정교수   성층권에 오존이 모여 있는 곳을 말해. 오존층의 존재를 밝힌 사람은 샤를 파브리와 앙리 뷔송이야.

샤를 파브리(Charles Fabry, 1867~1945, 프랑스)

앙리 뷔송(Henri Buisson, 1873~1944, 프랑스)

1900년대 초, 프랑스의 물리학자 파브리와 뷔송은 분광기를 이용해 대기 중 자외선 흡수 현상을 연구했다. 그들은 태양 자외선 스펙트럼 중 일부가 지상에서 사라진다는 점에 주목했고, 그 원인을 고층 대기에 존재하는 오존 때문이라고 추론했다. 1913년 그들은 고도 약 20~30km 상공에 오존이 집중적으로 존재하는 층이 있다는 것을 과학적으로 입증했다.

정교수 이제 성층권 위의 하늘인 중간권 발견 이야기를 해볼게.

성층권 너머, 즉 50km 이상의 상공에서는 어떤 일이 벌어지고 있는지, 한동안 인류는 알지 못했다. 20세기 초까지 대기의 구조는 대략적으로 대류권과 성층권, 그리고 그 위로 '점점 더 얇아지는 대기' 정도로만 이해되었다. 하지만 고고도 로켓의 등장과 더 정밀한 기상관측기술이 발달하면서, 과학자들은 성층권 위에도 또 하나의 뚜렷한 층이 존재함을 확인하게 된다. 이 층이 바로 '중간권(Mesosphere)'이다.

1930년대 후반부터 기상학자들은 성층권 위에서도 온도가 다시 낮아진다는 현상을 포착하기 시작했다. 성층권에서는 고도가 올라갈수록 기온이 높아지지만, 약 50km 지점을 지나면 다시 기온이 급격히 떨어지기 시작한다. 이러한 기온의 반전은 대기의 성질이 또다시 달라졌다는 증거였다. 하지만 이 영역은 고도도 높고, 기압도 희박하여 풍선으로 도달할 수 없고, 비행기로도 올라갈 수 없는 구간이었다. 그래서 과학자들은 로켓과 고고도 탐사 기기를 통해 이 층의 존재를 입증해나갔다.

특히 제2차 세계대전 이후 군사 목적으로 개발된 로켓이 기상과학에 활용되며, 중간권의 존재와 성질이 본격적으로 밝혀지기 시작했다. 1950년대에 이르러, 과학자들은 고도 약 50km에서 시작해 약 85~90km까지 이어지는 층을 독립된 대기층으로 분류하게 되었고, 이를 '중간의 층'이라는 뜻에서 '중간권'이라 명명했다.

정교수 이제 태양과 가장 먼저 만나는 대기층인 열권의 발견 이야기를 해볼게.

지구 표면에서 시작된 대기는 대류권, 성층권, 중간권을 지나, 마침내 '열권(Thermosphere)'에 도달한다. 이곳은 지구 대기의 네 번째 층이자 태양의 영향을 가장 직접적으로 받는 곳이다. 하지만 이 고도는 너무 높다. 풍선은 닿을 수 없고, 비행기도 올라갈 수 없다. 그렇기에 열권의 존재는 오래도록 미지의 영역으로 남아 있었다.

20세기 중반, 특히 제2차 세계대전 이후, 군사 기술로 개발된 로켓이 처음으로 열권의 문을 열었다. 1940~50년대 미국과 소련의 과학자들은 V-2 로켓과 고고도 탐사 장비를 이용해 100km 이상의 대기 온도를

V-2 로켓

측정하기 시작했다.

그 결과, 과학자들은 중간권을 지나 고도 90km 이상부터 대기 온도가 다시 급격히 상승하기 시작한다는 사실을 발견했다. 이 층에서는 고도가 올라갈수록 기온이 수백 도까지 상승했다. 그들은 이 현상의 원인을 태양 복사에너지의 흡수로 파악했다. 이러한 층은 기존의 대기 모델로는 설명이 어려웠고, 결국 과학자들은 이 층에 '열권'이라는 새로운 이름을 붙였다.

하늘은 왜 층층이 나뉠까? _ 대기권의 과학적 구조

정교수 이제 과학자들은 지구의 대기권이 네 개의 권역으로 나뉘어 있다는 것을 알게 되었어.

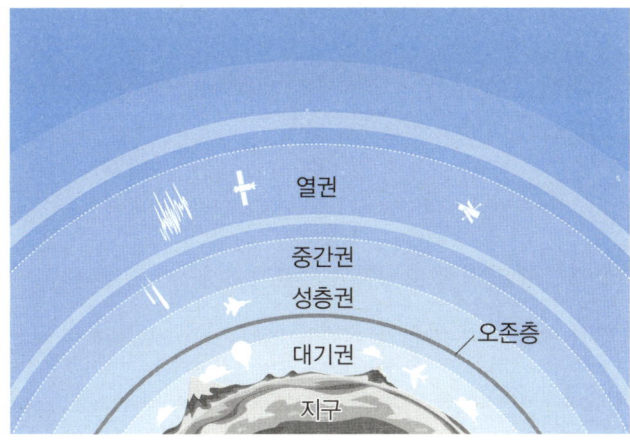

지구의 대기권

물리군 네 개의 권역은 지표에서 가까운 것부터 대류권, 성층권, 중간권, 열권이 되는군요.

정교수 맞아. 네 개의 권역에서 온도의 변화는 다음 그림과 같지.

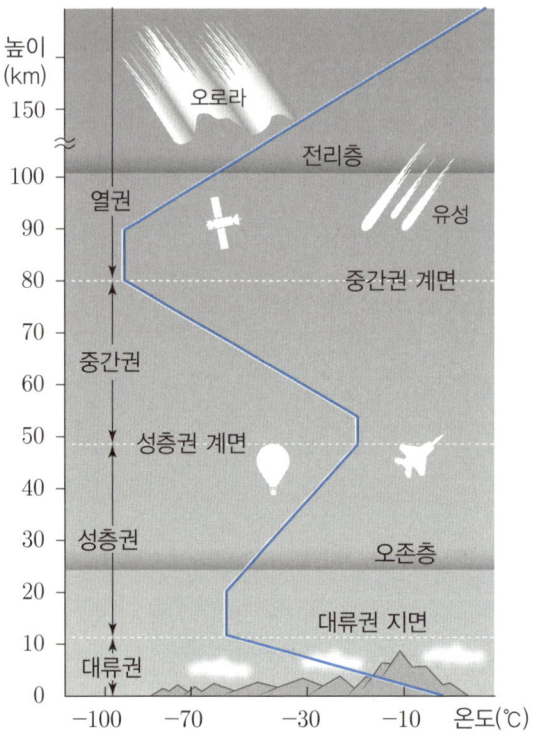

물리군 네 개의 권역의 성질을 요약해주세요.

정교수 좋아. 먼저 대류권의 성질을 요약해볼게.

대류권은 대기권의 가장 아래층으로 모든 날씨가 일어나는 공간이다. 기온은 이 층에서 고도가 높아질수록 점점 떨어진다. 이런 온도 감소는 공기를 불안정하게 만들고, 결국 뜨거운 공기는 위로, 차가운 공기는 아래로 움직이게 한다. 이것이 바로 '대류'이다. 대류권이란 이름도 여기서 비롯된다. 이 층에서는 공기의 대류가 활발히 일어나며, 수증기, 먼지, 기체들이 뒤섞이고 순환한다. 공기의 움직임은 저기압과 고기압을 만들고, 바람을 불게 하며, 구름을 생성하고, 비와 눈을 내리게 한다. 우리에게 익숙한 모든 기상 현상은 이 대류권에서 벌어진다.

수증기 또한 대류권에 대부분 집중되어 있다. 공기 중 수증기의 약 90%가 이 층에 존재한다. 그래서 비, 안개, 구름 같은 수분 관련 현상도 대류권을 벗어나지 않는다. 이 외에도 대류권에는 우리가 호흡하는 산소와 질소가 대부분 들어 있으며, 기압도 가장 높다.

이 모든 특징 때문에 대류권은 인간을 비롯한 지구 생명체에게 가장 중요한 하늘이다. 비행기는 대류권의 상부나 성층권의 하부를 날아다니고, 기상관측기구와 열기구도 대류권에서 실험을 수행한다. 인간은 이 얇은 공기층 덕분에 살아가고 있는 것이다.

물리군 성층권은 어떤 성질이 있나요?

정교수 이곳은 우리가 아는 날씨와는 전혀 다른 세계이며, 대류권과는 뚜렷하게 구분되는 독특한 성질을 가지고 있어.

성층권에서는 대류가 일어나지 않는다. 대류권에서는 따뜻한 공기가 위로 오르고, 차가운 공기는 아래로 내려가는 대류 현상이 활발하게 일어난다. 그러나 성층권은 다르다. 이곳에서는 고도가 높아질수록 오히려 기온이 상승한다. 이는 일반적인 공기 덩어리의 대류를 막는 조건이다. 상층이 더 따뜻하므로, 공기가 순환하지 않는다. 그래서 성층권은 조용하고 안정된 층이 된다.

성층권에서는 고도 약 20km 이상부터 기온이 다시 상승한다. 이 현상을 '온도 역전(temperature inversion)'이라고 부른다. 그 원인은 바로 이 층에 존재하는 오존층 때문이다. 오존은 태양의 자외선을 흡수하며 열을 발생시키고, 이로 인해 성층권 상층은 대기 중에서 드물게 온도가 증가하는 영역이 된다.

성층권은 기상현상이 거의 없다. 대류가 없고, 수증기 농도가 매우 낮아서 이곳에서는 비, 눈, 구름이 거의 생기지 않는다. 성층권 아래쪽에서 발생한 강한 적운형 구름이 일시적으로 진입하는 경우를 제외하면, 이 층은 정적이며 건조한 공기로 채워져 있다. 그렇기에 상공을 비행하는 여객기나 정찰기, 기상관측 기구들은 성층권 하단을 선호한다. 기상이 안정되고 공기 저항이 적기 때문이다.

성층권은 제트기류의 경계지대이다. 성층권 하단, 즉 대류권계면 부근에는 제트기류(Jet stream)가 빠르게 흐른다. 이 강한 고속 바람은 전 지구적인 기후 순환에 영향을 주며, 항공기의 비행시간과 연료 효율에도 깊은 연관이 있다. 성층권 자체는 바람이 거의 없지만, 그 경계선에서는 바람이 급변하는 기후의 전환지대가 형성된다.

물리군 중간권은 어떤가요?

정교수 중간권은 대기권 중에서도 가장 기온이 낮은 영역이야. 고도 약 80~85km 부근에서는 영하 90도 이하로 떨어지기도 하거든.

   중간권에서는 유성(별똥별)이 자주 발생한다. 이 권역에서 지구로 들어오는 유성체가 마찰에 의해 불타기 때문이다.
   또한 중간권은 성층권과 달리 대류 현상이 다시 일어나는 영역이며, 공기 밀도가 낮아 기상관측이 어려우므로 지구 대기 중 가장 연구가 어려운 층으로 꼽힌다.

물리군 열권의 특징이 궁금해요.

정교수 열권은 지구 대기의 최상층이자 우주로 향하는 마지막 하늘이야. 여기서는 기온이 수백 도까지 오르지만, 분자 밀도가 너무 낮아 피부로 느껴지는 열기는 거의 없지. 우주와 지구를 잇는 이 얇은 대기층은 태양과 직접 마주하며, 지구를 지키는 또 하나의 방패 역할을 해.

다섯 번째 만남

기상학의 역사와 그 선구자들

눈에 보이는 바람의 언어 _ 보퍼트, 바람을 분류하다

정교수 이제 바람을 분류한 보퍼트에 관해 이야기해볼게.

프랜시스 보퍼트 경(Sir Francis Beaufort, 1774~1857, 아일랜드)

보퍼트는 아일랜드의 나반에서 태어났다. 그의 집안은 프랑스 위그노 개신교도의 후손이었다. 조상들은 16세기 종교전쟁을 피해 도망쳐야 했고, 그의 부모는 런던에서 아일랜드로 이주했다. 보퍼트는 유럽의 폭력과 망명을 가문의 기억으로 품고 태어났다. 그의 아버지 다니엘 보퍼트는 성직자이자 지식인이었으며, 아일랜드 전역을 조사해 지도를 제작한 인물이었다.

보퍼트는 어려서부터 학교보다는 바다를 택했다. 14살에 학교를 그만둔 그는 선원이 되었고, 15살에 잘못된 해도로 인해 배가 난파되는 사건을 겪었다. 그때 그는 평생을 바쳐 해도를 바로잡겠다고 다짐

했다.

보퍼트는 학문을 중단하지 않았다. 독학으로 천문학, 수학, 항해술을 익혔고, 후에 존 허셜, 메리 서머빌, 조지 에어리, 찰스 배비지와 같은 과학자들과 어깨를 나란히 하게 되었다. 그는 해군 장교로서 프랑스와의 전투에 참전하고, 말라가 해안에서 작전을 수행하던 중 큰 부상을 입었다. 엉덩이에 총상을 입고 살아 돌아온 그는 지도와 해양 탐사를 계속했다. 동지중해, 소아시아 남부 해안을 측량하고, 고대 유적을 기록하며, 그 모든 경험을 한 권의 책 『카라마니아(Karamania)』로 남겼다.[15]

하지만 그의 가장 위대한 업적은 바람을 느끼고, 측정하고, 분류한 일이다. 그것이 바로 '보퍼트 풍력 척도(Beaufort scale)'이다. 그의 풍력 척도는 단순한 숫자 나열이 아니다. 그것은 바람이 나무를 어떻게 흔드는가, 깃발이 어떻게 펄럭이는가, 돛이 펼쳐지는가, 접히는가를 기준으로 '눈에 보이는 바람의 언어'를 만든 것이다. 보퍼트 풍력 척도는 다음과 같다.

---

[15] Francis Beaufort, "Karamania, A Brief Description of the South Coast of Asia-Minor and of the Remains of Antiquity", (1817) R. Hunter.

척도	바람 이름	풍속 (m/s)	관찰 특징
0	정온(Calm)	0.0 – 0.2	연기 수직 상승. 나뭇잎 흔들림 없음.
1	실바람(Light air)	0.3 – 1.5	연기 방향 보임. 나뭇잎 안 움직임.
2	경바람(Light breeze)	1.6 – 3.3	나뭇잎 살랑. 바람결 느껴짐.
3	미풍(Gentle breeze)	3.4 – 5.4	나뭇잎과 가는 가지 흔들림. 깃발 약간 펄럭임.
4	약풍(Moderate breeze)	5.5 – 7.9	먼지 날리고 작은 나뭇가지 흔들림.
5	산들바람(Fresh breeze)	8.0 – 10.7	나무 흔들림. 호수에 물결
6	강풍(Strong breeze)	10.8 – 13.8	큰 가지 흔들림. 우산 쓰기 어려움.
7	질풍(Near gale)	13.9 – 17.1	나무 전체 흔들림. 걷기 어려움.
8	강한 질풍(Gale)	17.2 – 20.7	가지 부러질 수 있음. 걷기 매우 어려움.
9	강한 바람(Strong gale)	20.8 – 24.4	구조물 손상 시작. 큰 피해 우려
10	폭풍(Storm)	24.5 – 28.4	나무 쓰러짐. 작은 건물 파손 가능
11	강한 폭풍(Violent storm)	28.5 – 32.6	심각한 피해. 지붕 날림. 통행 불가
12	허리케인급(Hurricane)	≥32.7	막대한 피해. 재난 수준 바람

보퍼트는 이 척도를 이용해 해군을 훈련시켰고, 수천 장의 해도를 제작했다. 그의 손을 거친 해도는 단지 항해용 문서가 아니라, 지구에 새겨진 바람과 물의 지도였다.

신의 분노에서 과학적 예측으로 _태풍 연구의 역사

물리군 태풍에 관한 연구는 언제부터 시작되었나요?

정교수 태풍에 관한 인류의 이해는 처음부터 과학적인 것이 아니었어. 고대와 중세를 통틀어 사람들은 하늘의 징후와 계절의 반복 속에서 풍속과 강우를 예측하려 애썼지. 그들은 태풍을 신의 분노로 해석하거나 자연의 주기에 따라 반복되는 운명으로 받아들였어.

중국과 일본, 인도 등지에서는 농경 사회의 생존을 위협하는 거센 바람과 폭우를 오랫동안 경험해왔다. 이 지역에서는 '7월, 바람의 신이 남쪽에서 분다'와 같은 격언이 남아 있다. 이는 단지 관용구가 아니라, 수백 년간 축적된 경험적 기상 지식의 결정체였다. 태풍은 특정 계절에 특정 방향에서 불어오는 바람과 함께 찾아온다는 사실이 오랜 세월에 걸쳐 인지되었다.

기록으로 남아 있는 가장 이른 시기의 사례들은 『일본서기』나 『삼국사기』와 같은 역사서 속에 보인다. 왕의 행차가 연기되거나 배가 침몰하고, 농작물이 전멸했다는 기록들은 태풍이 사회와 정치를 뒤흔든 자연재해로 작용했음을 보여준다. 태풍은 단지 날씨의 변덕이 아니라, 국가의 운명을 좌우할 수 있는 중대한 변수였다.

1593년 포르투갈 선교사 루이스 프로이스는 일본 규슈 지역에서 강력한 태풍을 직접 목격하고 그 기록을 남겼다. 그는 현지 건물들이 무너지고, 사람과 가축이 휩쓸려가는 참혹한 장면을 유럽으로 전했다. 이는 서양인들이 아시아 태풍의 위력을 문헌으로 처음 접한 사례 중 하나였다. 이때부터 서구 세계는 아시아의 열대 폭풍을 단순한 해상 위험이 아니라 과학적 대상이자 문명적 위협으로 인식하게 되었다.

이 시기는 태풍을 관측하고 기록하는 데 그쳤지만, 그러한 경험의 축적은 훗날 이론과 수학으로 이어지는 과학적 탐구의 초석이 되었다. 태풍에 대한 인간의 이해는 바람과 물의 분노 속에서, 서서히 질서와 구조를 찾아가는 여정이었다.

2017년 8월 한반도에 큰 피해를 주었던 태풍 노루

태풍은 '열대성 저기압(Tropical Cyclone)'이라는 물리적 현상이다. 열대성 저기압은 발생 지역에 따라 다른 이름으로 불린다. 북서 태평양(한국, 일본, 중국 근처)에서는 '태풍'으로 불리고, 북대서양, 동태평양, 미국, 카리브해 지역에서는 '허리케인'으로 불리고, 인도양, 남서 태평양, 인도, 방글라데시, 호주 등에서는 '사이클론'으로 불린다.

지역에 따른 태풍의 다른 이름들

18세기 후반부터 19세기 중반에 이르기까지, 태풍에 대한 인류의 인식은 점차 신비와 격언의 세계에서 과학과 이론의 영역으로 이행하기 시작하였다. 천체의 운동과 마찬가지로 대기의 움직임 또한 일정한 법칙이 존재한다는 믿음이 자리 잡기 시작한 것이다.

1801년 영국 해군 출신의 과학자 윌리엄 레드필드(William Redfield)는 미국 뉴잉글랜드를 강타한 허리케인 피해 현장을 조사하였다. 그는 쓰러진 나무의 방향과 피해 경로를 분석한 끝에, 바람이 단순히 한 방향으로 직진하지 않고, 회전성 구조를 가진다는 사실을 밝혀냈다. 이는 열대성 폭풍이 소용돌이 형태로 회전한다는 과학적 가설의 시초였다.

이후 1831년 레드필드는 제임스 에스피(James Espy)와 함께 연구를 이어가며 한 가지 중요한 사실을 강조했다. 바로 북반구에서는 태풍이 반시계 방향으로, 남반구에서는 시계 방향으로 회전한다는 점이었다. 오늘날 '코리올리 효과'로 불리는 이 원리를 통해, 지구의 자전이 대기 운동에 미치는 영향을 처음으로 체계적으로 해석하려는 시도가 이루어졌다.

20세기에 들어서면서 태풍에 관한 연구는 단순한 구조 이해를 넘어, 수학적 예측과 전 지구적 감시 체계로 진화하기 시작하였다. 과학 기술과 군사 기술의 발전은 태풍이라는 복잡한 자연 현상을 정량적으로 파악하고자 하는 시도를 가능하게 만들었다.

1920~30년대 노르웨이 기상학파는 기압골, 전선, 대기 경계면에 대한 이론을 체계화하였고, 이는 태풍의 발생과 진로를 설명하는 동역학적 모델의 기초가 되었다. 이들은 북대서양과 유럽에서 관찰되는 저기압계의 구조를 분석하여, 열대성 저기압도 일정한 물리 법칙을 따른다는 과학적 기반을 제공하였다.

1943년 제2차 세계대전 중 미 공군의 B-24 리버레이터 정찰기가 허리케인의 중심부를 최초로 침투 관측하였다. 이 임무를 통해 태풍의 눈(Eye)과 그 주변의 고속 회전하는 강풍 벽(Eyewall) 구조가 확인되었고, 중심 기압이 매우 낮다는 사실도 실증되었다. 이듬해인 1944년 미 해군은 해상 레이더를 통해 태풍의 구조를 감시하는 시스템을 개발하였다. 이는 실시간 예보의 가능성을 연 기념비적 사건이었다.

날씨를 읽는 과학의 탄생 _ 일기예보의 역사

물리군 일기예보는 언제부터 시작되었나요?

정교수 기상관측과 날씨 예측은 고대 문명부터 이어져 온 인류의 중요한 지적 전통이야. 자연의 징후를 관찰하고 이를 바탕으로 내일을 예측하려는 노력은 곧 생존과도 직결되었기 때문이지.

기원전 650년경 바빌로니아인들은 천문 현상과 구름 모양을 바탕으로 날씨를 예측하려 했다. '적색 하늘은 바람과 비를 의미한다'는 격언은 당시 사람들의 관찰이 축적된 경험의 표현이었다. 이들은 별과 해, 구름의 변화를 유심히 관찰하며 하늘의 징후를 해석하려 노력했다.

기원전 340년경 아리스토텔레스는 『기상학(Meteorologica)』을 집필하였다. 이 저서는 대기 현상에 대한 철학적 해석을 담고 있으며, 과학이라기보다는 경험적 관찰과 논리에 기반한 설명이었다. 그는 비, 눈, 안개, 바람, 천둥과 번개를 하나의 자연 체계로 통합하려고 시도하였다.

중세 이슬람 세계에서는 이븐시나, 알비루니 등 학자들이 지역 기후에 따른 경험적 예측을 기록하였다. 이들은 대기의 성질과 계절 변화가 인체 건강에 어떤 영향을 미치는지를 연구하였고, 날씨 변화에 따른 의료 지식을 체계화하였다. 이러한 기록은 기상학이 단순한 관측을 넘어서 실용적인 지식으로 발전하는 데 기여하였다.

근세에 들어서면서 기상학은 철학적 사유에서 벗어나 실험과 정량 관측의 시대로 접어들게 된다. 이는 과학혁명의 물결과 함께 자연 현상을 수학과 기계로 이해하려는 시도의 일환이었다.

1643년 이탈리아의 과학자 토리첼리(Evangelista Torricelli, 1608~1647)는 세계 최초로 수은 기압계를 발명하였다. 그는 물이 아닌 수은을 이용하여 진공 상태를 만들고, 그 기둥의 높이가 대기압에 따라 변한다는 사실을 밝혀냈다. 이 발명은 '공기의 무게'라는 개념을 실험적으로 증명한 것이었으며, 대기압과 날씨 사이의 관계를 탐구할 수 있는 첫걸음이 되었다.

1662년 영국의 과학자 보일(Robert Boyle, 1627~1691)은 기압의 변화가 날씨 변화와 어떤 관련이 있는지를 탐구하였다. 그는 기압이 높아지면 날씨가 맑아지고, 기압이 낮아지면 흐리거나 비가 오는 경향이 있다는 관찰을 남겼다. 이는 오늘날 기상 예보의 핵심 원리 중 하나인 '기압계 관측'의 시초라 할 수 있다.

1700년대 후반에 들어서면서 유럽에서는 온도계, 기압계, 습도계 같은 측정 기기들이 점차 보급되었다. 특히 네덜란드, 독일, 프랑스, 영국에서는 귀족, 학자, 항해사들이 이러한 기기를 사용해 날씨를 체계적으로 기록하기 시작했다. 이 시기부터 기록에 기반한 일기예보가 가능해졌으며, 기상학이 점차 과학의 영역으로 진입하게 된다.

19세기에 들어서면서 기상학은 기술의 발전과 함께 더욱 체계화되기 시작하였다. 바람, 구름, 기압 같은 자연 현상을 단순히 기록하는 수준에서 벗어나, 정보를 수집하고 공유하며 예측하는 과학으로 발전한 것이다.

　1820년대에서 1840년대 사이에는 전신(telegraph) 기술이 급속히 발달하였다. 이 혁신적인 통신 수단은 멀리 떨어진 지역 간의 정보를 신속하게 전달할 수 있게 하였고, 이는 곧 기상 정보의 실시간 교환을 가능하게 했다. 이전까지는 특정 지역의 날씨 정보가 다른 지역에 도달하기까지 며칠이 걸렸다면, 전신의 도입은 기상 예보의 공간적 범위를 확장할 수 있는 토대를 마련하였다.

　이 기술은 훗날 기상관측망(network)의 형성과 기상도(weather map)의 제작으로 이어지며, 근대 기상학의 결정적인 전환점이 되었다. 즉, 각 지역에서 측정한 기상 데이터를 모아 종합적으로 분석할 수 있는 시대가 열린 것이다. 이 시기에는 또한 군사와 항해의 목적으로 기상 정보의 중요성이 더욱 부각되었으며, 특히 유럽 각국에서는 기상학을 국가적인 과제로 다루기 시작하였다.

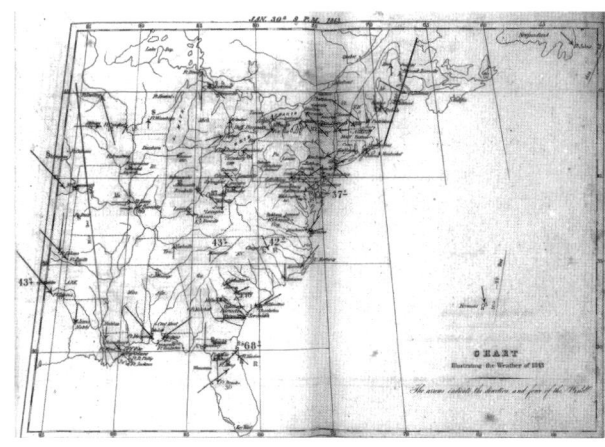

1843년 미국 기상도

현대 기상학의 뿌리를 찾아서 _ 일기예보의 아버지 피츠로이

정교수 과학으로서의 예측의 탄생에 기여한 두 사람은 영국 해군 장교 프랜시스 보퍼트(Sir Francis Beaufort, 1774~1857, 영국)와 그의 제자 로버트 피츠로이야. 두 사람의 연구는 오늘날 모든 일기예보 지식의 기초를 형성했지.

로버트 피츠로이
(Robert FitzRoy, 1805~1865, 영국)

19세기 중반, 기상학은 단순한 관측의 축적에서 벗어나 과학적 예측의 시대로 접어들게 된다. 이 변화의 중심에는 프랜시스 보퍼트와 그의 제자 로버트 피츠로이라는 두 인물이 있었다. 이들은 영국 해군과 정부 기관에서 활동하며, 당시로써는 급진적인 과학적 시도를 실천에 옮겼다.

보퍼트는 풍력 척도를 자신의 해상 일지에서 일관되게 사용하였고, 이는 후에 영국 해군 전반으로 확산하였다. 그는 또한 영국 연안의 조석표를 표준화하려는 노력을 기울였고, 해양 과학자 윌리엄 휴웰과 함께 200곳의 영국 해안 경비대에 기상 기록 장비를 설치하여 관측망을 확대하였다.

피츠로이는 1854년, 영국 무역위원회(Board of Trade) 산하의 새로운 기상 부서 책임자로 임명되었다. 그는 선원들을 위한 날씨 서비스를 조직하고자 했으며, 이를 위해 전신망과 해양 관측 데이터를 연결한 해상 기상 보고 체계를 구축하였다. 피츠로이는 모든 선장에게 일정한 규격의 기상 장비를 대여해주고, 바람, 기압, 파고 등을 정해진 방식에 따라 측정하고 기록하게 하였다. 이 정보는 전신망을 통해 본부에 전달되었고, 수집된 데이터는 최초의 폭풍 경보 체계와 공식 일기예보로 이어졌다. 이처럼 보퍼트와 피츠로이는 기상 정보를 계량화하고, 예측 모델로 연결하는 기초를 마련하였다.

1850년대 중반, 피츠로이는 기상학을 예측 과학으로 전환하려는 열망을 실천에 옮기고 있었다. 그는 영국 무역위원회 산하에 신설된 부서를 이끌며, 선박의 안전을 위한 해상 기상 정보 수집 체계를 구축하였다. 기압계, 풍향계, 수온계 등으로 구성된 관측 장비를 모든 상선에 배포하고, 각 선장은 항해 중 데이터를 정해진 양식에 따라 기록하여 보고하도록 하였다.

1859년 10월, 영국 북부 해안에서 발생한 대형 폭풍은 약 450명의 목숨을 앗아갔다. 이 참사에서 가장 크게 주목받은 사건은 증기선 로열 차터(Royal Charter)호의 침몰이었다. 당시 선박은 위험을 감지할 기회 없이 파도에 휩쓸려 좌초되었고, 이는 기상 예측의 필요성을 영국 사회 전반에 강하게 각인시킨 사건이 되었다.

1859년 10월, 로열 차터호가 폭풍으로 침몰하면서 현대 일기예보의 확립을 자극했다.

이 사고를 계기로 피츠로이는 바람과 기압의 변화를 분석해 앞으로의 날씨를 미리 경고할 수 있는 차트를 개발하였다. 그는 이러한 시도를 처음으로 '날씨 예측(Weather Forecast)'이라고 불렀으며, 이 용어는 곧 '일기예보(weather forecast)'라는 현대적 개념의 출발점이 되었다.

피츠로이는 이를 위해 15개의 지상 관측소를 영국 전역에 설치하였다. 이 관측소들은 매일 정해진 시간에 전신기를 통해 바람의 방향, 기압, 온도 등의 데이터를 본부로 전송하였다. 이 체계를 기반으로 피츠로이는 강풍 경보 서비스(Gale Warning Service)를 정식으로 시작하였고, 이는 1861년 2월, 전신을 통해 선박에 직접 경고를 보내는 방식으로 운영되었다.

같은 해인 1861년, 최초의 일일 일기예보가 『더 타임스(The Times)』에 정식 게재되었다. 이것은 대중에게 과학적 근거에 기반한 날씨 정보를 제공한 최초의 사례였다. 이듬해인 1862년부터는 주요 항구에 폭풍 경고용 원뿔(Storm Cone)을 게양하는 시각적 시스템도 도입되어, 육지에서도 예보가 바로 활용될 수 있게 되었다.

1863년 피츠로이는 자신의 연구와 통찰을 집대성한 『날씨 책(The Weather Book)』을 출판하였다.[16] 이 책은 바람의 패턴, 기압의 움직임, 증기와 수증기의 순환 등 다양한 기상현상을 물리학적 원리에 따라 설명하였으며, 그 수준은 당시의 과학적 통념을 훨씬 앞질렀다.

하지만 이 시도는 당대 과학계와 언론으로부터 격렬한 반발을 불러왔다. 예측이 몇 차례 빗나가자 "신의 영역을 침범하려 한다", "점쟁이보다 못하다"라는 비난이 쏟아졌다. 자연현상을 수학적으로 예측하려는 피츠로이의 시도는 많은 사람에게 여전히 생소하고 받아들여지지 않는 개념이었다.

언론과 정부의 압박 속에서 피츠로이는 점점 심한 스트레스와 우울증에 시달렸다. 그는 과도한 업무와 개인적 상실 속에서 마음의 안정을 잃어갔고, 1865년 4월 30일, 자신의 집에서 자살로 생을 마감하였다. 당시 그의 나이는 59세였다.

---

16) Robert FitzRoy, "The Weather Book", (1863) Longman, Green, Roberts & Green.

비록 그의 생은 비극적으로 끝났지만, 피츠로이가 남긴 유산은 이후 기상학의 방향을 결정짓는 데 결정적 역할을 하였다. 그는 '예측'이라는 개념을 과학의 영역으로 끌어들였으며, 그의 체계는 훗날 영국 기상청(Met Office)의 정식 예보 체계로 계승되었다. 오늘날 전 세계의 일기예보 시스템은 그의 헌신 위에 세워져 있다고 해도 과언이 아니다.

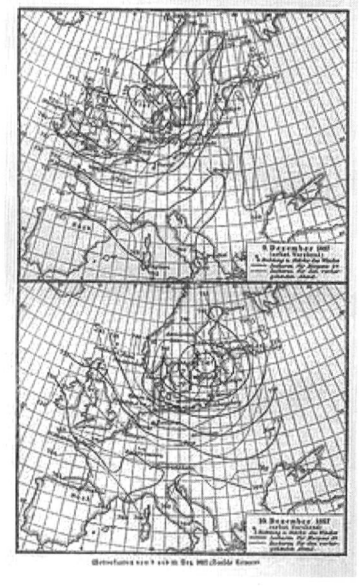

1887년 12월 10일
유럽의 날씨 지도

19세기 중후반, 전기 전신망의 확장은 단지 통신의 혁신에 그치지 않고, 기상학의 구조적 발전을 촉진하는 결정적인 동력이 되었다. 다양한 지역에서 동시에 수집된 기상 데이터를 실시간으로 본부에 전달할 수 있게 되면서, 영국과 미국 등에서는 국가 규모의 관측 네트워

크가 구축되기 시작하였다. 이는 각 지역의 데이터를 하나의 지도로 통합하여 분석하는 시놉틱(synoptic) 분석의 기초가 되었다. 시놉틱 분석은 단순한 날씨 관측을 넘어, 기압의 분포, 전선의 이동, 저기압과 고기압의 경로를 한눈에 파악할 수 있게 해주었다. 이를 통해 날씨를 넓은 시야에서 통합적으로 해석할 수 있게 되었고, 예보의 정확도도 눈에 띄게 향상되었다.

이 시기에는 전보 비용을 줄이기 위한 실용적 기술도 함께 발달하였다. 미국 육군 통신대(Signal Corps)에서는 날씨 정보를 짧은 전신 부호로 압축하는 암호화된 통신 체계를 개발하였다. 이로써 더 많은 지역의 데이터를 저렴한 비용으로 빠르게 전송할 수 있었으며, 이는 곧 기상 예보의 범위와 속도를 비약적으로 증가시키는 결과를 낳았다.

기상관측의 정밀성과 연속성을 높이기 위한 기술적 시도도 이어졌다. 1845년 프랜시스 로널드(Francis Ronalds)는 기상 매개변수의 변화를 자동으로 기록하는 장비를 발명하였다. 그의 기압계는 사진을 활용하여 기압 변화를 연속적으로 기록할 수 있었고, 이는 곧 큐 천문대(Kew Observatory)를 중심으로 각 지역 관측소에 보급되었다. 피츠로이도 이 장비를 사용해 기상관측의 자동화를 시도하였으며, 이는 기상 자료의 정량성과 일관성을 높이는 데 크게 기여하였다.

한편, 날씨 예보의 정밀성과 공통 이해를 높이기 위해 기상현상에 대한 표준 어휘 체계의 필요성도 제기되었다. 특히 구름의 경우, 관측자마다 표현 방식이 달랐기 때문에 공통의 분류 체계가 절실하였다. 1802년 루크 하워드(Luke Howard)는 구름을 권운(cirrus), 적운

(cumulus), 층운(stratus) 등으로 분류한 최초의 체계를 제안하였다. 이 분류법은 이후 널리 받아들여졌으며, 1896년 세계 각국의 기상학자들이 참여한 첫 『국제 구름도감(International Cloud Atlas)』에서 공식적으로 표준화되었다. 이로써 구름은 과학적 언어로 기술될 수 있게 되었고, 전 세계 기상학자들이 공통된 언어로 하늘을 기록하고 해석할 수 있는 기틀이 마련되었다.

20세기에 접어들면서 날씨 예측은 결정적인 전환점을 맞이하게 된다. 이는 기압, 바람, 습도에 대한 단순한 관측을 넘어, 유체역학과 열역학에 기초한 수치 모델링이라는 정량적 예측 체계의 시대가 열린 것을 의미한다.

이 흐름의 선구자는 영국의 과학자 루이스 프라이 리처드슨(Lewis Fry Richardson)이었다. 그는 제1차 세계대전 중 구급차 운전사로 복무하면서 수집한 관측 노트를 바탕으로, 1922년 『수치 기상 예측(Weather Prediction by Numerical Process)』를 출판하였다. 이 책에서 그는 수치 기상 예측의 아이디어를 제시하였다.

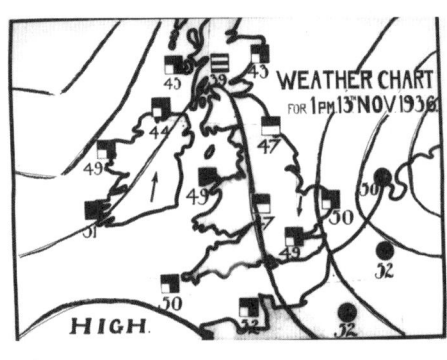

1936년 11월 13일
BBC 텔레비전 날씨 차트

1950년대 초, 미국의 ENIAC 컴퓨터를 이용해 리처드슨의 이론을 실현한 팀에는 줄 차니(Jule Charney), 존 폰 노이만(John von Neumann), 라그나르 피요르토프트(Ragnar Fjørtoft), 래리 게이츠(Larry Gates) 등이 포함되어 있었다. 이들은 세계 최초의 컴퓨터 기반 수치 예보를 성공적으로 수행하였고, 1955년부터는 실제 예보 업무에 적용했다. 이는 프로그래머블 전자 컴퓨터의 발전을 자극하며 현대 기상학의 기초가 되었다.

여섯 번째 만남

불확실성 속의 과학, 하셀만의 논문 속으로

비는 쟁기를 따를까? _ 기후변화에 대한 인식의 변천사

정교수 이제 과학자들이 기후변화에 대해 어떤 생각을 가져왔는지를 알아볼 거야.

물리군 기후와 날씨는 다른가요?

정교수 물론이야. 날씨는 짧은 시간 동안 대기에서 일어나는 즉각적이고 구체적인 현상이야. 예를 들어 오늘 오전 10시에 내리는 비, 오후의 기온, 밤의 바람세기가 모두 날씨에 해당하지. 기후는 어떤 지역의 날씨가 오랜 시간 동안 보여주는 전형적인 경향을 말해. 쉽게 말해 "이곳은 여름에 덥고 비가 자주 와요." 같은 설명이 기후를 묘사하지.

물리군 그렇군요.

정교수 고대인들은 이미 수 세기에 걸쳐 기후가 달라질 수 있다는 점을 체감하고 있었으며, 이러한 관찰은 철학자, 건축가, 정치가, 학자들의 기록에 남아 있어.

기원전 4세기, 고대 그리스 철학자 아리스토텔레스의 제자인 테오프라스토스는 흥미로운 관찰을 남겼다. 그는 습지가 말라가며 특정 지역이 더 쉽게 얼어붙게 되었다는 사실을 지적했고, 숲이 개간되고 햇빛에 노출되면서 땅이 더 따뜻해진다는 가설도 제시했다. 이는 인간의 토지 이용 변화가 지역의 기후에 영향을 줄 수 있다는, 아주 초기의 '기후 시스템 피드백' 인식이라 할 수 있다.

기원전 1세기에는 로마의 건축가이자 작가 비트루비우스가 등장한다. 그는 주택을 지을 때, 도시의 위치를 정할 때 반드시 고려해야 할 요소로 '기후'를 언급했다. 그에게 기후는 단순한 배경이 아닌, 건축과 인간 삶을 좌우하는 주요 요인이었다.

비트루비우스(Vitruvius, 기원전 80~기원전 15)

시간이 흘러 르네상스 시대 유럽의 학자들은 지중해 주변의 환경 변화에 대해 더 구체적인 관심을 두게 되었다. 그들은 삼림 벌채, 관개, 가축 방목 등이 고대부터 풍경을 변화시켰으며, 이러한 인간 활동이 그 지역의 기후에도 영향을 끼쳤을 것이라 믿었다. 지금 보면 일종의 '인위적 기후변화(anthropogenic climate change)'에 대한 초기 개념인 셈이다.

이와 비슷한 인식은 유럽 밖에서도 등장한다. 1088년 중국 북송 왕조의 정치가이자 학자인 셴 쿠오(Shen Kuo)는 자신의 책에서 중국 북부의 건조한 지역(현재의 산시성 옌안)에서 발견된 석화된 대나무에 주목했다. 대나무는 보통 중국 남부의 따뜻하고 습한 지역에서 자라는데, 이 유물이 건조한 북방에서 발견된다는 사실은 해당 지역의 기후가 수 세기 전에는 훨씬 따뜻하고 습했을 가능성을 시사했다. 셴쿠오는 이를 근거로 기후가 시간이 지나며 서서히 변화한다는 '점진적 기후변화론'을 지지했다.

18세기와 19세기, 북아메리카의 대지에는 조용한 혁명이 일어나고 있었다. 푸르른 숲은 점점 농경지로 변해갔고, 이 변화는 한 사람의 일생 안에서도 뚜렷하게 인식될 만큼 눈에 띄었다. 특히 19세기 초부터 많은 사람은 이러한 토지의 변화가 기후 자체를 바꾸고 있다고 믿기 시작했다. 그들은 토지를 개간하고 숲을 없애는 행위가 단순한 환경 변화에 그치지 않고 지역의 강수량과 기온, 대기 순환에까지 영향을 미친다고 추측했다. 이 시기의 미국 대평원에서는 '소드 버스터(sodbuster)'라고 불리는 농부들이 나타났다. 그들은 삽이나 쟁기를 들고 초원을 개간하며 농경지로 바꾸는 개척자들이었다. 이들은 스스로의 경험과 신념을 바탕으로 "비는 쟁기를 따른다(Rain follows the plow)"라는 유명한 격언을 남겼다. 즉 인간이 땅을 경작하면, 그 땅은 더 많은 비를 얻게 된다는 믿음이었다. 이 말은 단순한 농부들의 속담을 넘어, 개척의 정당성과 기후 조절에 대한 인간의 영향력에 대한 신념이 담겨 있었다.

그러나 이 주장에 동의하지 않는 전문가들도 적지 않았다. 일부 과학자들은 삼림 벌채가 강우를 유도하는 것이 아니라, 빗물 유출을 급격하게 만들고 토양 침식을 유발하며, 강우량을 감소시킬 수도 있다고 경고했다. 이들은 숲이 갖는 수분 저장력과 증산작용이 지역 수문 순환에 중요한 역할을 한다는 점에 주목했다. 기후와 생태계 사이의 관계를 보다 과학적으로 이해하려는 시도가 이어졌다.

한편 유럽에서는 기후와 문명을 인종적, 지역적으로 해석하는 편향된 시각도 등장했다. 일부 학자들은 백인 중심의 '코카서스 인종'이 주로 거주하는 온대 지역이 문명 발전에 유리한 기후대를 형성하고 있다는 주장을 펼쳤다. 반대로, 고대 근동이나 중동의 문명은 과거엔 풍요로웠지만, 그 땅을 관리하지 못하고 사막화시켰다는 식의 비판이 제기되기도 했다. 이러한 주장은 기후변화 담론에 인종적·문화적 편견이 결합한 사례로, 오늘날의 시선에서는 경계해야 할 역사적 오류로 지적된다.

19세기 중반을 지나며 인류는 자연을 '기록'하는 법을 배우기 시작했다. 국립 기상 기관들이 잇따라 설립되며, 기온, 강수량, 기압과 같은 수치들이 정기적이고 체계적으로 수집되었다. 이전까지 사람들은 기후에 대해 주로 감각과 기억, 격언에 의존해왔다. 하지만 과학은 이제 수치로 말하기 시작했다. 기상 기관들이 수십 년간 모은 데이터는 흥미로운 결론을 암시했다. 해마다 기온이나 강수량은 오르내렸지만, 그 속에는 뚜렷한 장기적 상승 또는 하강 추세가 없었다. 즉, 날씨는 변덕스럽지만 기후는 안정적이라는 인식이 생긴 것이다. 이러한 관측 결과는 과학계에 새로운 신념을 불러왔다.

19세기 말에 이르러, 많은 과학자는 인간이 기후에 실질적인 영향을 줄 수 있다는 생각을 비과학적인 믿음으로 간주하게 되었다. 한때

"비는 쟁기를 따른다"라거나, "숲을 없애면 우기가 줄어든다"라는 주장은 귀납적 관찰에 기반한 가설이었지만, 이제는 측정과 통계에 의해 반박되기 시작했다. 더 나아가, 이 시기의 과학자들에게 "인간이 지구 전체의 기후를 바꾼다"라는 발상은 거의 공상 과학에 가까운 상상이었다.

빙하가 남긴 흔적 _ 루이 아가시와 빙하기 이론의 탄생

정교수 17세기 중반, 유럽의 자연철학자들은 기후변화라는 개념을 조심스럽게 탐색하고 있었어. 하지만 그들의 사유는 여전히 성경적 시간 척도와 조화를 이루려 애쓰는 경건한 틀 안에 있었지. 지구는 창세 이후 몇 천 년밖에 되지 않았으며, 지질학적 격변은 노아의 홍수 같은 사건으로 설명되었어.

18세기 후반, 인간의 시선은 성서를 넘어 지질학적 지층으로 향했다. 지질학자들은 지층 속에 새겨진 연속적인 기후변화와 지질 시대의 흔적들을 읽기 시작했다. 이들은 선사시대라는 개념을 받아들이고, 지구의 나이는 훨씬 오래되었으며, 기후는 지속적인 변화의 역사를 가졌다고 추정했다.

1815년 스위스의 농부이자 산악 안내인이었던 장 피에르 페로댕(Jean-Pierre Perraudin)은 발 드 바뉴(Val de Bagnes)를 하이킹하던 중 좁은 골짜기에 흩어진 거대한 바위들 사이에서 멈춰 섰다. 그는 그

바위들이 원래 있던 장소에서 떨어져 나와 먼 거리까지 이동해온 흔적임을 직감했다. 그리고 이토록 거대한 암석을 운반할 수 있는 존재는 단 하나, 빙하라고 생각했다. 페로댕은 빙하가 바위를 깎고 긁으며 이동시킬 수 있다는 생각을 했고, 지형에 남겨진 줄무늬와 빙하의 움직임을 연결시켰다. 그는 자연의 흔적을 읽는 최초의 빙하 탐정이었다.

하지만 페로댕의 아이디어는 학계에서 받아들여지지 않았다. 지질학자 장 드 샤르팡티에(Jean de Charpentier)는 이렇게 말했다. "그의 가설은 너무나 비범하고, 심지어 사치스러워 보였기에 고려할 가치도 없다고 생각했다."

하지만 생각은 사람을 움직였다. 페로댕은 이그나츠 베네츠(Ignaz Venetz)를 설득했고, 베네츠는 다시 샤르팡티에를 설득했고, 그리고 마침내 루이 아가시를 움직이게 했다.

정교수 이제 아가시라는 과학자에 대해 알아볼게.

장 루이 로돌프 아가시(Jean Louis Rodolphe Agassiz, 1807~1873, 스위스계 미국인)

루이 아가시는 19세기 과학의 거대한 흐름 속에서 자연사와 지질학, 고생물학의 경계를 허물며 빙하기 이론을 과학적으로 정립한 인물이다. 그는 관찰자를 넘어, 생명을 분류하고 화석을 해석하며 지구의 과거를 재구성하려 한 시도 속에서 학문과 직관, 열정을 아우른 과학자였다.

아가시는 1807년 스위스의 작은 마을에서 목사의 아들로 태어났다. 어린 시절부터 지적 호기심이 풍부했고, 부모의 교육을 받아 신학뿐 아니라 자연과학에도 눈을 떴다. 취리히, 하이델베르크, 뮌헨, 그리고 파리에서 의학과 자연사를 공부한 그는 훔볼트와 퀴비에라는 당대 최고의 과학자들과의 인연을 통해 자신의 학문적 방향을 확고히 다졌다.

아가시는 생애 초기에 어류학 연구로 명성을 얻었다. 그는 브라질 탐험대가 수집한 민물고기 샘플을 분석해, 독창적인 분류 체계를 수립하고 화석 물고기에 관해 대규모 연구를 진행했다. 이 연구는 그를 일약 유럽 학계의 중심으로 올려놓았고, 그는 뉴샤텔 대학의 자연사 교수가 되어 독립적 연구의 토대를 마련한다. 아내 세실 브라운과 함께 한 작업은 학문적 협업을 넘어, 예술적 도판을 통한 과학의 시각화라는 면에서도 높은 평가를 받는다.

그러나 아가시의 이름이 오늘날까지 기억되는 가장 큰 이유는 '빙하기 이론'을 정립한 데 있다. 1815년 스위스의 장 피에르 페로댕은 알프스 고산 계곡에서 거대한 바위들이 흩어져 있는 모습을 보고, 이들을 이동시킨 힘이 '빙하'일 것이라는 가설을 세운다. 이 가설은 처음에는 비웃음과 무시를 당했지만, 아가시는 이를 과학적으로 정제하고 체계화했다. 그는 알프스를 답사하고, 바위의 이동 흔적과 지형적 증거를 수집하여 지구가 과거 광범위한 빙하로 덮여 있었음을 주장했다.

1837년 아가시는 공식적으로 빙하기 이론을 발표한다. 이는 단순한 기후변화에 대한 이론이 아니라, 지구의 역사를 바라보는 관점을 송두리째 바꾼 선언이었다. 당시까지 많은 지질학자는 지형의 형성을 성경적 홍수나 격변의 결과로 보았으나, 아가시는 점진적이고 물리적인 원인을 제시함으로써 지질학을 더 과학적인 학문으로 전환시켰다.

1840년 아가시는 현대 빙하에 대한 상세하고 도해적인 설명인 『빙하에 관한 연구(Études sur les glaciers)』를 출간했다. 그는 줄무늬가 있는 암석, 측빙퇴석과 말단 빙퇴석, 불규칙한 바위 등 빙하 활동의 특징적인 징후를 밝힘으로써, 스코틀랜드나 위스콘신과 같은 다른 지역의 지질학자들이 유사한 흔적을 인식하고, 그들의 나라가 한때 광범위한 빙하 활동을 경험했다는

아가시가 Unteraar 빙하의 온도를 측정하기 위해 최대 7.5m 깊이까지 뚫는 데 사용한 사람 크기의 철제 오거

사실을 깨달았다. 그의 책에는 Zermat 빙하와 Finsteraar 빙하와 같은 알프스 빙하의 석판화가 많이 그려져 있다.

Zermat 빙하

Finsteraar 빙하

아가시는 줄무늬가 있는 암석을 통해 빙하가 과거의 어느 시점에 지나갔다는 것을 알 수 있었다.

줄무늬가 있는 암석

Viesch 빙하

아가시의 이론은 버클랜드, 라이엘 같은 영향력 있는 인물들의 지지를 받으며 확산되었고, 19세기 후반에는 전 세계적으로 수용되었다. 아가시는 빙하가 이동한 흔적, 빙식 지형, 빙하선의 흔적을 기록하고, 이로부터 과거 기후 조건을 추론하는 방법론을 제시했다. 이는 현대의 고기후학, 기후모델링 연구의 전신이라 할 수 있다.

이후 아가시는 미국으로 이주해 하버드 대학에서 자연사를 가르치고, 비교동물학 박물관을 설립하는 등 미국 과학 교육의 기반을 마련했다. 그는 야외 중심의 현장 교육을 강조했고, 과학 대중화와 시각자료 활용에도 깊은 관심을 가졌다.

열을 가두는 공기의 정체 _ 온실효과의 과학적 기원

정교수 먼저 유리가 열을 가두는 성질을 처음 알아낸 과학자에 관해 이야기할게.

1681년, 프랑스의 물리학자 에드메 마리오트는 실험을 통해 유리가 빛은 통과시키지만 복사열은 차단한다는 사실을 발견했다. 그는 "태양광은 유리를 통과해 들어오지만, 내부에서 발생한 복사열은 유리를 잘 빠져나가지 못한다"고 적었다. 이것은 훗날 온실효과의 물리적 메커니즘을 설명하는 데 중요한 직관적 출발점이 되었다.

1774년 스위스의 자연철학자 소쉬르는 온실효과를 직접 검증해보기로 했다. 그는 투명한 유리판으로 덮인 상자를 여러 겹으로 만들어 태양 아래에 놓고 내부 온도를 측정했다. 결과는 놀라웠다. 내부 온도는 외부보다 훨씬 높았고, 상자 내부는 마치 작은 태양로처럼 작동했다. 이 실험은 다음과 같은 사실을 명백히 보여줬다.

"빛은 들어오되, 열은 갇힌다."

소쉬르는 이 장치를 '햇빛의 열 축적기'라고 불렀고, 이는 오늘날 온실효과를 실험적으로 재현한 최초의 모델이었다.

정교수 이제 지구 온실효과의 아이디어를 처음 생각해낸 푸리에에 관해 이야기할게.

조제프 푸리에(Jean-Baptiste Joseph Fourier, 1768~1830, 프랑스)

푸리에는 1768년 프랑스 오세르(Auxerre)에서 태어났다. 그는 어릴 적 부모를 모두 잃었다. 신부가 운영하던 학교에 들어가 성실히 공부한 그는 성직자의 길 대신 수학자의 길을 택했다. '하느님의 말씀'이 아닌 '수의 언어'가 이 세계를 설명할 수 있다고 믿었기 때문이었다.

푸리에의 수학 실력은 이미 16세 때부터 알려졌고, 그는 교사로 일하며 수학과 물리학 논문을 독학했다. 그러나 가난과 신분의 벽은 높았다. 그는 에콜 폴리테크니크에 정식 입학하지 못했지만 훗날 그 학교의 교수가 된다.

프랑스 대혁명은 푸리에의 삶을 송두리째 뒤흔들었다. 그는 혁명을 지지했고, 국민공회에서 활동하며 로베스피에르의 명령에 따라 행동했다. 그 결과, 혁명의 수레바퀴가 반대로 돌 때 감옥에 갇히는 처지가 되었고, 사형선고 직전까지 가기도 했다. 그러나 기적처럼 살

아남았다. 이후 나폴레옹이 이집트로 과학자들을 데리고 갈 때 푸리에는 이집트 탐사단의 일원으로 동행했다. 그는 사막의 태양, 고대 문명의 잔해, 무더위 속의 신비로움 속에서 열의 본질에 대해 고민했다. 1822년 푸리에는 『열의 분석 이론(Théorie analytique de la chaleur)』을 발표했다.

귀국한 푸리에는 나폴레옹의 총애를 받았고, 학문적 업적뿐만 아니라 정치 행정에도 참여했다. 그르노블과 파리에서 과학 아카데미의 회원으로 활동했으며, 파리 대학의 총장직도 맡았다. 나폴레옹 몰락 후에도 그는 학계에 남아 수학과 물리학의 기초를 다졌다.

푸리에는 1824년 물리학자의 눈으로 지구라는 행성의 온기를 바라보았다. 그에게 지구는 단지 태양 빛을 받는 돌덩이가 아니었다. 오히려 스스로 따뜻함을 품고 있는 하나의 정교한 에너지 시스템이었다. 푸리에는 단순한 질문에서 출발했다. "왜 지구는 진공 상태보다 더 따뜻할까?" 태양 빛이 닿는 우주의 물체가 단순히 복사 평형에 따라 차가워져야 한다면 지구의 평균 기온은 지금보다 훨씬 낮아야 했다.

푸리에는 이 문제를 물리학의 언어로 풀었다. 그는 태양에서 오는 가시광선은 대기를 통과해 지표에 도달하지만, 지구가 그 에너지를 흡수하고 다시 적외선 형태로 재방출할 때는 그 빛이 대기 중에 머무르게 되는 현상을 예측했다. 오늘날 우리가 '온실효과(Greenhouse Effect)'라고 부르는 개념의 기원이다. 그는 이렇게 썼다.

"지표의 상태, 물의 분포, 공기의 큰 움직임은 수 세기에 걸쳐 평균 열량을 변화시킬 수 있다."

이 한 문장은 기후과학의 방향을 예고하는 예언처럼 읽힌다. 푸리에는 현대적인 의미의 '지구 시스템'을 떠올렸던 최초의 물리학자였다. 그가 살아가던 시대에는 이산화탄소나 수증기의 복사 특성을 정량적으로 측정할 수 없었다. 하지만 숲이 사라지고, 도시가 팽창하고, 인간의 손이 자연을 바꾸면 기후도 변할 수 있다는 생각을 그는 벌써 꿰뚫고 있었다.

정교수 19세기 초반은 대기가 단지 공기의 바다로만 여겨지던 시절이었어. 그런데 1838년 프랑스의 물리학자 푸이예는 대기에 대한 전혀 새로운 통찰을 제시했어.

클로드 푸이예(Claude Pouillet, 1790~1868, 프랑스)

푸이예는 태양 복사 에너지가 지구에 도달한 뒤, 그 에너지가 지표면에서 적외선 형태의 열복사로 되돌아간다고 보았다. 그런데 그는 수증기와 이산화탄소 같은 특정 기체들이 이 열복사를 흡수하고, 다시 지구를 향해 방출함으로써 지구의 온도를 높일 수 있다는 가설을 세웠다. 이것은 오늘날 우리가 말하는 '온실효과(greenhouse effect)'의 초기 형태이다.

하지만 푸이예의 이론에는 한계가 있었다. 그의 아이디어는 이론적 추정에 불과했고, 수증기나 이산화탄소가 실제로 열복사를 흡수한다는 실험적 증거는 아직 존재하지 않았다. 당시의 과학기술로는 적외선의 스펙트럼을 정밀하게 측정하거나, 기체에 따른 흡수율을 수치화할 수 없었기 때문이다. 그의 가설은 흥미로웠지만 검증되지 않은 주장으로 분류되었다.

푸이예의 가설은 그로부터 수십 년 뒤, 틴들에 의해 실험적으로 입증되었다. 틴들은 영국 왕립 연구소의 실험물리학자로, 푸이예의 이론에서 "대기가 적외선을 가둔다"라는 주장을 접하고 의문을 품었다.

"그렇다면 대기의 어떤 성분이 열을 가두는가?"

그는 공기를 가열하거나 온실 상자를 재현하는 수준을 넘어서 복사열의 흡수와 투과를 정량적으로 측정하려 했다.

존 틴들(John Tyndall, 1820~1893, 영국)

틴들은 정밀한 장비를 만들어 각기 다른 기체가 적외선(열복사)을 얼마나 흡수하는지 측정했다. 그 결과, 질소와 산소는 적외선을 거의 흡수하지 못했지만 이산화탄소, 수증기, 메탄은 적외선을 많이 흡수했다.

온실효과의 숨겨진 선구자 _ 유니스 푸트의 빛나는 발견

정교수 이산화탄소가 온실효과를 일으킨다는 것을 처음 알아낸 것은 틴들이 아니라 미국의 여성 과학자인 유니스 푸트야.

유니스 푸트(Eunice Newton Foote, 1819~1888, 미국)

푸트는 미국 코네티컷주 고센이라는 작은 마을에서 태어났다. 그녀는 12남매 중 한 명으로, 흙내음 가득한 농장에서 자라났다. 아버지 아이작 뉴턴 주니어는 농부이자 사업가였으나, 투기로 인해 결국

가산을 잃는다. 그녀의 어린 시절은 풍요와 몰락, 여성의 책임이 강조되는 현실 속에서 흘러갔다.

1835년 아버지가 세상을 떠나자 다섯째인 언니 아만다가 모든 가족 빚을 떠안고, 가문의 농장을 지키기 위해 농장의 단독 소유자가 되었다. 이 일은 어린 푸트에게 깊은 인상을 남겼다. 여성도 경제적 책임과 결단을 내릴 수 있다는 사실을, 가족 안에서 보게 되었기 때문이다.

푸트의 가족은 그녀가 한 살 때 뉴욕 서부의 온타리오 카운티로 이주했다. 이곳은 19세기 미국 개혁운동의 중심지로, 노예제 폐지론자, 여성 참정권 운동가, 신비주의자, 금주주의자들이 모여들던 곳이었다. 그녀는 그런 시대의 공기 속에서 자랐다. 과학을 공부하던 한편으로, 정의와 해방의 말들이 공기를 메우는 시대였다.

1836년 푸트는 뉴욕 트로이의 트로이 여성 신학교(Troy Female Seminary)에 입학한다. 이 학교는 페미니스트 교육자 엠마 윌라드

1822년 당시 트로이 신학교

(Emma Willard)가 설립한, 당시로써는 매우 전위적인 여성 교육기관이었다. 이곳에서 푸트는 수학, 과학, 철학, 천문학, 식물학, 화학, 지리학을 배웠다. 그녀는 라틴어와 프랑스어를 읽고, 기하와 대수를 풀며, 실험을 즐겼다.

트로이 신학교는 인근의 렌셀러 학교(Rensselaer School)와 협약을 맺고, 아모스 이튼(Amos Eaton)이라는 선구적 과학 교육자의 가르침을 따랐다. 이튼은 학생들에게 외웠느냐고 묻지 않았다. 대신, 실험 도구를 쥐고 직접 관찰하고 질문할 것을 요구했다. 푸트는 이곳에서 실험을 계획하고, 관찰하고, 결과를 기록하고, 결론을 이끌어내는 과학자의 언어를 배웠다.

1824년 당시 렌셀러 학교

19세기 중엽, 미국은 혼란과 격변의 시기였다. 산업혁명, 노예제 폐지 운동, 금주 운동, 그리고 여성 참정권 운동까지. 그 한복판에 푸트가 있었다. 그녀는 남성과 동등한 권리를 요구하며 역사에 자신의 이름을 새긴 여성이기도 했다.

1848년 7월 19~20일, 미국 뉴욕의 세네카폴스에서 세계 최초의 여성 권리 대회가 열렸다. 당시 미국 사회에서 여성은 투표권도, 재산권도, 법적 독립성도 없었다. 대회는 "여성이 남성과 동등한 시민이다"는 선언으로 시작되었고, 그 선언문은 '감정 선언문(Declaration of Sentiments)'으로 불리게 된다. 푸트는 그 선언문에 당당히 서명했다.

"모든 남성과 여성은 평등하게 창조되었다."

그 문장 아래 'Eunice Newton Foote'라는 이름이 또렷하게 새겨졌다.

1856년, 푸트는 온실효과에 관해 놀라운 실험을 한다. 그녀는 유리관을 준비하고 그 안에 서로 다른 기체를 주입한 후, 태양 아래에 놓고 각각의 온도 상승 정도를 비교했다. 그녀는 공기의 압축 정도, 습도 차이에 따른 온도 차이를 분석했고, 무엇보다도 중요한 발견을 했다.

"태양 광선의 가장 큰 영향은 탄산가스(이산화탄소)에 있습니다."

즉, 이산화탄소가 햇빛 아래에서 가장 높은 온도를 기록한 것이다.

푸트는 이어 이렇게 적었다. "이 가스의 대기는 지구에 높은 온도를 줄 것입니다. 그리고 만일 과거 어느 시기에 이 가스가 더 많은 비율로 공기와 섞였다면, 온도의 상승과 대기의 무게 증가는 필연적이었을 것입니다."

이것은 오늘날 온실효과 이론의 핵심 개념이다. 푸트의 연구는 1856년 8월, 미국 과학 진흥 협회(AAAS) 회의에서 조셉 헨리(Joseph Henry) 교수에 의해 대리 발표되었다. 직접 발표할 수 없었던 이유는 단순했다. 그녀가 여성이었기 때문이다. 그녀의 논문은 그해 말, 『미국 과학 및 예술 저널(American Journal of Science and Arts)』에 정식으로 실렸지만, 과학계는 이 혁신적 발견을 조용히 지나쳤다.

그녀의 논문은 한 세기 넘게 잊혔다가 21세기에 들어서며 다시 조명되었다. 특히 기후변화 과학과 여성 과학자들의 역사 복원 운동이 확산하면서 푸트는 기후과학의 숨은 선구자로 재조명되었다. 오늘날 우리는 종종 틴들의 1859년 실험을 온실효과의 실험적 기초로 언급하지만, 푸트는 그보다 3년 앞서, 단순하면서도 명확한 실험으로 이산화탄소의 열 포집 능력을 밝혀냈다.

기후변화를 물리학으로 예측하다 _ 마나베와 기후모델 실험

정교수 이제 기후변화의 원인을 연구한 마나베에 대해 알아볼게.

마나베 슈쿠로(眞鍋淑郎, 1931~, 일본, 2021년 노벨 물리학상 수상)

마나베는 일본 에히메현의 작은 시골 마을 신사에서 태어났다. 그의 할아버지와 아버지는 마을의 유일한 진료소를 운영하던 의사였고, 자연스레 가족들은 그가 의학을 전공하기를 바랐다. 그러나 소년의 시선은 사람의 몸이 아닌, 하늘과 구름, 비와 바람에 있었다.

초등학생 시절부터 마나베는 "일본에 태풍이 없었으면 이렇게 비가 많이 오지 않았을 것"이라는 말을 했고, 친구들은 그 말을 농담으로 들었지만 그는 진지했다. 그는 하늘을 관찰했고, 날씨를 궁금해했으며, 혼자만의 질문을 오래도록 간직했다. 그 질문은 결국 지구 전체를 움직이는 물리 법칙으로 이어진다.

도쿄대학에 진학한 마나베는 기상학자 쇼노 시게카타의 연구실에 들어가 본격적으로 대기과학을 공부했다. 의학 대신 기후를 선택한 이유는 단순했다.

> 응급 상황만 닥치면 피가 머리로 몰려들고, 손도 느리고 기억력도 나빴어요. 하늘을 바라보며 생각하는 것만이 제 장점이었죠.
>
> – 마나베

1958년 박사학위를 마친 마나베는 곧 미국으로 건너갔다. 미국 기상청 산하의 일반순환연구소(GFDL)에서 일하며, 그는 하나의 질문에 매달렸다. "이산화탄소가 지구의 온도를 어떻게 변화시킬까?"

그 질문에 답하기 위해 그는 대기의 층을 수직으로 나누고, 각 층마다 방사선 에너지와 수증기, 온도의 흐름을 컴퓨터로 시뮬레이션

했다. 이것이 바로 세계 최초의 수치 기후모델이었다.

그는 1967년 리처드 웨더럴드와 함께 이산화탄소 농도를 두 배로 증가시키면 지표면 온도는 약 2.3도 상승한다는 결과를 얻었다. 이 수치는 단순한 시뮬레이션 결과가 아니었다. 그것은 '기후 민감도(climate sensitivity)'라는 개념의 출발점이 되었다.

마나베의 모델은 복잡한 기후 시스템을 단순화시키면서도 핵심 물리법칙은 놓치지 않았다. 상대습도는 일정하다는 가정 아래 수증기의 증발과 응축, 대류와 복사, 기압과 온도의 상호작용을 정밀하게 계산했다. 지구를 수식으로 설명한 최초의 시도였다.

마나베는 단순히 온도를 예측한 것이 아니었다. 그는 과학으로 미래를 예측할 수 있다는 가능성을 열었다. 그리고 그 모델은 수십 년이 지나 현대 기후 정책의 근거가 되었고, 기후 행동을 요구하는 전 세계 시민들의 목소리에 과학적 뿌리를 제공하게 되었다.

2021년 마나베는 노벨 물리학상을 받았다. 기상학자가 물리학상을 받은 드문 사례였다. 그것은 단순한 상이 아니라, 기후변화가 곧 물리학적 현실임을 인정한 과학계의 선언이었다.

우리는 종종 하늘을 본다. 구름이 낀 하늘, 맑은 하늘, 폭우가 쏟아지는 하늘. 하지만 그것을 예측 가능한 수학의 대상으로 본 이는 많지 않았다. 마나베는 그 하늘을 계산했다. 그리고 과학이 불확실한 미래에 대응할 수 있는 유일한 언어임을 보여주었다.

기후를 확률로 예측하다 _ 하셀만이 밝혀낸 불확실성 속의 질서

정교수 이제 통계를 이용해 기후를 연구한 클라우스 하셀만에 대해 알아볼게.

클라우스 하셀만(Klaus Ferdinand Hasselmann, 1931~ , 독일, 2021년 노벨 물리학상 수상)

하셀만은 1931년 독일 함부르크에서 태어났다. 그의 아버지 에르빈 하셀만은 경제학자이자 언론인이었고, 독일 사회민주당(SPDG)의 일원이자 저항자였다. 나치 정권이 독일을 장악하자, 하셀만 가족은 박해를 피해 1934년 영국으로 망명한다. 하셀만은 그때 겨우 두 살이었다.

영국에서의 삶은 낯설었지만 따뜻했다. 그들은 대부분 유대계 독일인 이민자들로 이루어진 공동체에서 살았고, 영국 퀘이커 교도들의 도움으로 정착할 수 있었다. 하셀만은 웰윈 가든 시티에서 초등학교와 문법학교를 다녔고, 자연스럽게 영어를 모국어처럼 익혔다. 그는 후일 이렇게 회고했다. "나는 영국에서 매우 행복했다. 영어는 내 모국어였다."

그러나 1948년 그의 부모는 전후의 독일로 다시 돌아갔다. 하셀만은 A-레벨 시험을 마치기 위해 홀로 영국에 남았다가, 1949년 만 18세의 나이에 다시 함부르크로 건너갔다. 폐허 위에 재건 중이던 도시에서 그는 기계공학 실습 과정을 거쳐, 1950년 함부르크 대학에 입학하여 물리학과 수학을 공부하게 된다. 이때부터 그의 뿌리 깊은 수학적 직관과 물리학적 감각이 싹트기 시작한다. 전쟁의 혼란을 두 번 겪은 그는 질서 있는 과학의 세계에 매료되었고, 특히 복잡한 자연 현상 속의 규칙성, 그중에서도 '확률적인 흐름'에 주목하게 된다.

1957년 하셀만은 수잔 바르테(Susanne Barthe)와 결혼한다. 수잔 또한 훗날 막스 플랑크 기상연구소의 선임 과학자가 되어, 두 사람은 과학자로서도 인생의 동반자가 된다. 함께 연구하며, 함께 자녀를 기르고, 함께 기후모델을 탐구해나간다.

하셀만의 학문 여정은 결국 확률론적 기후모델, 즉 스토캐스틱 기후 시스템이라는 독창적인 분야로 이어진다. 기후는 항상 요동친다. 바람은 방향을 바꾸고, 파도는 일렁이며, 구름은 예측을 벗어난다. 그는 자연의 그 '불확실성'을 확률 과정으로 해석했고, 지구 기후 시스템의 핵심 변수들을 수학적으로 추적할 수 있는 모델을 만들었다. 그의 모델은 후에 IPCC 보고서의 핵심 기초 이론이 되었고, 2021년에 그는 마침내 노벨 물리학상의 수상자로 호명된다.

그는 수상 연설에서 이렇게 말했다. "기후는 예측할 수 없을 것 같지만, 우리는 그 안에서 패턴을 찾아낼 수 있다."

정교수 이제 하셀만이 어떻게 기후 예측을 물리학적으로 다루어 노벨 물리학상을 받았는지 살펴볼게. 하셀만의 원래 논문은 물리학과 통계물리 전공의 대학원생이 되어야 이해할 수 있을 정도로 어려운 내용이야. 이 내용을 간단하게 설명해줄게.

물리군 네, 교수님. 기대돼요.

하셀만은 기후를 수십 년간 바라본 과학자였다. 그는 날씨가 기후를 흔들 수 있다는 사실에 주목했다. 매일매일 변덕스러운 날씨가 쌓이고 쌓여 결국 느리고 무거운 기후를 움직이게 만든다는 것이다. 그는 이 과정을 확률과 수학의 언어로 표현하려 했다. 하셀만은 날씨는 빠르게 변하고, 무작위적이라고 생각했고, 기후는 느리게 변하며 날씨의 평균적 결과라고 생각했다.

하셀만은 지구의 기후 상태 $x(t)$가 다음과 같이 시간에 따라 변한다고 생각했다.

$$\frac{dx}{dt} = -ax + b\xi(t)$$

여기서 a는 기후가 원래대로 돌아가려는 성질(복원력)이 얼마나 큰지를 나타내는 상수이고, b는 날씨 요동이 기후에 주는 영향력의 크기를 나타내며, $\xi(t)$는 예측 불가능한 날씨에 의해 생기는 힘을 나타낸다.

이 방정식은 놀라운 통찰을 담고 있었다. 기후는 단지 외부 충격으로 변하는 것이 아니라, 끊임없이 흔들리는 날씨의 파편들로 인해 스스로 진동할 수 있다. 마치 바다 위에 떠 있는 거대한 배가, 작은 파도들에 의해 서서히 방향을 바꾸는 것처럼.

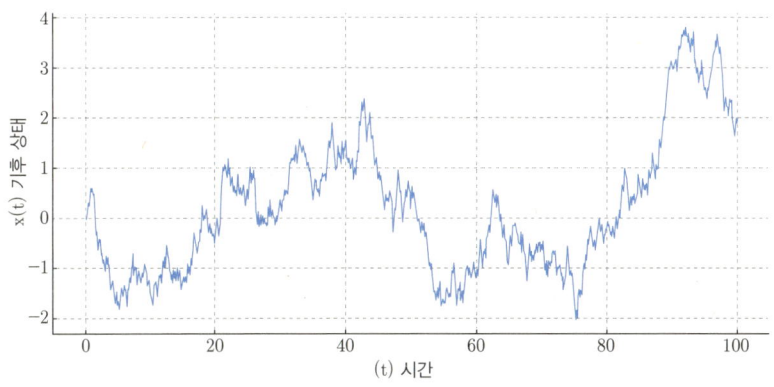

위 그래프는 하셀만의 확률적 기후모델을 시뮬레이션한 것이다. 곡선은 기후 변수의 시간 변화를 나타낸다. 위아래로 흔들리는 움직임은 날씨의 무작위적 힘 때문에 발생한 것이다. 그래프가 일정한 방향 없이 흔들리지만, 완전히 무작위로 흩어지지 않고 중심 근처를 맴도는 이유는 복원력이 작용하고 있기 때문이다. 서로 다른 a, b의 값에 대한 그래프는 아래 그림과 같다.

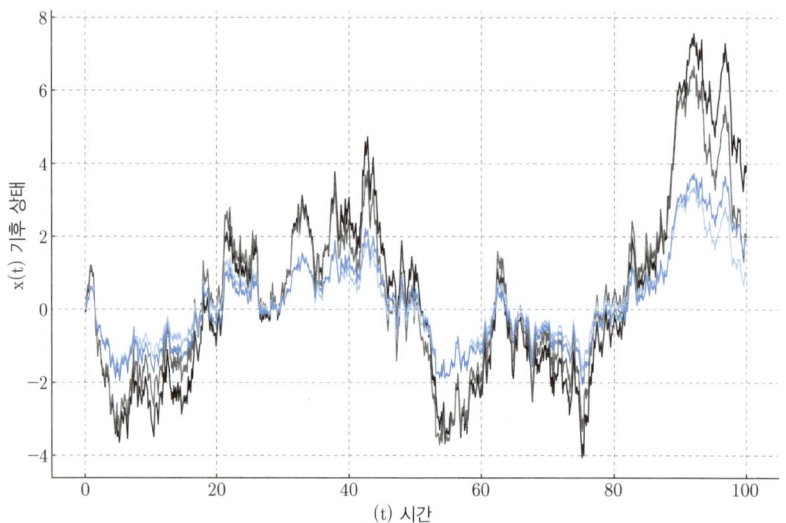

하셀만은 이 방정식을 통해 완벽한 예측이 아닌, 확률적 예측을 추구했다. "정확히 내일 무슨 일이 일어날지는 몰라도, 앞으로 어떤 일이 일어날 '가능성'은 알 수 있다."

그는 '기후 민감도', '자연 변동성', '지문 분석(fingerprint)'과 같은 현대 기후과학의 개념들을 이 한 줄기 수식에서 끌어냈다.

하셀만은 여기에 하나를 더했다. 세상이 점점 더 이산화탄소를 뿜어내고 있다는 사실. 그는 방정식에 새로운 항을 추가했다.

$$\frac{dx}{dt} = -ax + b\xi(t) + F(t)$$

여기서 $F(t)$는 인간이 만든 외부 강제력을 말한다. 대표적인 외부 강제력은 온실가스의 증가로 생기는 강제력이다. 아래 그림은 온실

가스 증가에 따른 외부 강제력이 기후 상태에 어떤 영향을 주는지를 비교한 것이다.

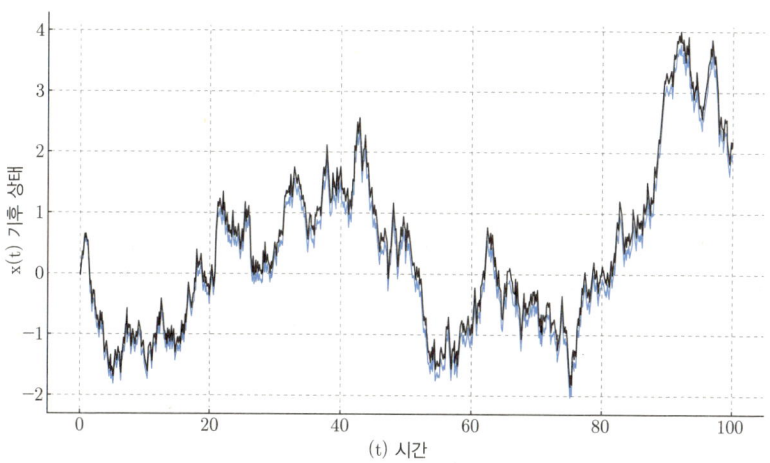

파란색 곡선은 외부 강제력이 없는 기본 모델이다. 기후 상태는 무작위 요동 속에서 중심값 주변을 왔다 갔다 하며 장기적인 방향성 없이 안정된다.

빨간색 곡선은 온실가스가 매 시간 조금씩 증가하는 시나리오를 반영한 모델이다. 기후 상태가 시간이 지남에 따라 점점 상승하는 경향을 보인다. 즉 무작위성 외에도 한 방향으로 밀어주는 힘(외부 강제력)이 존재하여 기후가 장기적으로 변화한다는 것을 보여준다.

하셀만은 자신의 방정식을 통해 다음과 같이 말한다. "기후는 예측 불가능한 것이 아니다. 확률적으로 예측 가능한 것이다."

이 단순한 문장은 과학의 본질을 꿰뚫는다. 우리는 세상을 완벽히 알 수 없지만, 충분히 잘 알 수는 있다. 하셀만은 기후의 불확실성 안에서 질서를 찾아낸 사람이다. 그는 2021년 노벨 물리학상을 수상하며 이렇게 말했다.

　"기후 문제는 기술이 아니라 의지의 문제다. 우리는 이미 알고 있다. 이제 행동할 차례다."

만남에 덧붙여

Thermal Equilibrium of the Atmosphere with a Given Distribution of Relative Humidity

SYUKURO MANABE AND RICHARD T. WETHERALD

Geophysical Fluid Dynamics Laboratory, ESSA, Washington, D. C.

(Manuscript received 2 November 1966)

ABSTRACT

Radiative convective equilibrium of the atmosphere with a given distribution of relative humidity is computed as the asymptotic state of an initial value problem.

The results show that it takes almost twice as long to reach the state of radiative convective equilibrinm for the atmosphere with a given distribution of relative humidity than for the atmosphere with a given distribution of absolute humidity.

Also, the surface equilibrium temperature of the former is almost twice as sensitive to change of various factors such as solar constant, CO_2 content, O_3 content, and cloudiness, than that of the latter, due to the adjustment of water vapor content to the temperature variation of the atmosphere.

According to our estimate, a doubling of the CO_2 content in the atmosphere has the effect of raising the temperature of the atmosphere (whose relative humidity is fixed) by about 2C. Our model does not have the extreme sensitivity of atmospheric temperature to changes of CO_2 content which was adduced by Möller.

1. Introduction

This study is a continuation of the previous study of the thermal equilibrium of the atmosphere with a convective adjustment which was published in the JOURNAL OF THE ATMOSPHERIC SCIENCES (Manabe and Strickler, 1964). Hereafter, we shall identify this study by M.S. In M.S. the vertical distribution of absolute humidity was given for the computation of equilibrium temperature, and its dependence upon atmospheric temperature was not taken into consideration. However, the absolute humidity in the actual atmosphere strongly depends upon temperature. Fig. 1 shows the distribution of relative humidity as a function of latitude and height for summer and winter. According to this figure, the zonal mean distributions of relative humidity of two seasons closely resemble one another, whereas those of absolute humidity do not. These data suggest that, given sufficient time, the atmosphere tends to restore a certain climatological distribution of relative humidity responding to the change of temperature. If the moisture content of the atmosphere depends upon atmospheric temperature, the effective height of the source of outgoing long-wave radiation also depends upon atmospheric temperature. Given a vertical distribution of relative humidity, the warmer the atmospheric temperature, the higher the effective source of outgoing radiation. Accordingly, the dependence of the outgoing long-wave radiation is less than that to be expected from the fourth-power law of Stefan-Boltzman. Therefore, the equilibrium temperature of the atmosphere with a fixed relative humidity depends more upon the solar constant or upon absorbers such as CO_2 and O_3, than does that with a fixed absolute humidity, in order to satisfy the condition of radiative convective equilibrium. In this study, we will repeat the computation of radiative convective equilibrium of the atmosphere, this time for an atmosphere with a given distribution of relative humidity instead of that for an atmosphere with a given distribution of absolute humidity as was carried out in M.S.

As we stated in M.S., and in the study by Manabe and Möller (1961), the primary objective of our study of radiative convective equilibrium is the incorporation of radiative transfer into the general circulation model

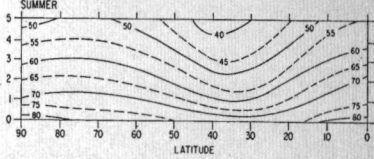

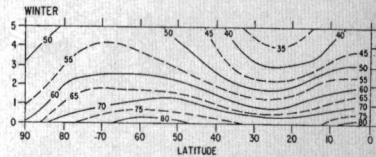

FIG. 1. Latitude-height distribution of relative humidity for both summer and winter (Telegadas and London, 1954).

of the atmosphere. Adopting the scheme of the computation of radiative transfer which was developed in M.S., Manabe *et al.* (1965) successfully performed the numerical integration of the general circulation of the atmosphere involving the hydrologic cycle. In order to avoid a substantial increase in the number of degrees of freedom, the distribution of water vapor, which emerged as the result of the hydrologic cycle of the model atmosphere, was not used for the computation of radiative transfer. Instead, the climatological distribution of absolute humidity was used. The next step is the numerical integration of the model with complete coupling between radiative transfer and the hydrologic cycle. Before undertaking this project, it is desirable to answer the following questions by performing a series of computations of radiative-convective equilibrium of the atmosphere with fixed relative humidity.

1) How long does it take to reach a state of thermal equilibrium when the atmosphere maintains a realistic distribution of relative humidity that is invariant with time?
2) What is the influence of various factors such as the solar constant, cloudiness, surface albedo, and the distributions of the various atmospheric absorbers on the equilibrium temperature of the atmosphere with a realistic distribution of relative humidity?
3) What is the equilibrium temperature of the earth's surface corresponding to realistic values of these factors?

There is no doubt that this information is indispensable for the successful integration of the fundamental model of the general circulation mentioned above.

Recently, Möller (1963) discussed the influence of the variation of CO_2 content in the atmosphere on the magnitude of long-wave radiation at the earth's surface, and on the equilibrium temperature of the earth's surface. Assuming that the absolute humidity is independent of the atmospheric temperature, he obtained an order-of-magnitude dependence of equilibrium temperature upon CO_2 content similar to those obtained by Plass (1956), Kondratiev and Niilisk (1960), and Kaplan (1960). However, he obtained an extremely large dependence for a certain range of temperature when he assumed that relative humidity (instead of absolute humidity) of the atmosphere was given. One shortcoming of this study is that the conclusion was drawn from the computation of the heat balance of earth's surface instead of that of the atmosphere as a whole. Therefore, it seems to be highly desirable to re-evaluate this theory, using as a basis the computation of radiative convective equilibrium of the atmosphere with a fixed relative humidity. The results are presented in this study.

2. Radiative convective equilibrium

a. Description of the model. As we explained in the previous paper and in the introduction, the radiative convective equilibrium of the atmosphere with a given distribution of relative humidity should satisfy the following requirements:

1) At the top of the atmosphere, the net incoming solar radiation should be equal to the net outgoing long-wave radiation.
2) No temperature discontinuity should exist.
3) Free and forced convection, and mixing by the large-scale eddies, prevent the lapse rate from exceeding a critical lapse rate equal to 6.5C km^{-1}.
4) Whenever the lapse rate is subcritical, the condition of local radiative equilibrium is satisfied.
5) The heat capacity of the earth's surface is zero.
6) The atmosphere maintains the given vertical distribution of relative humidity (new requirement).

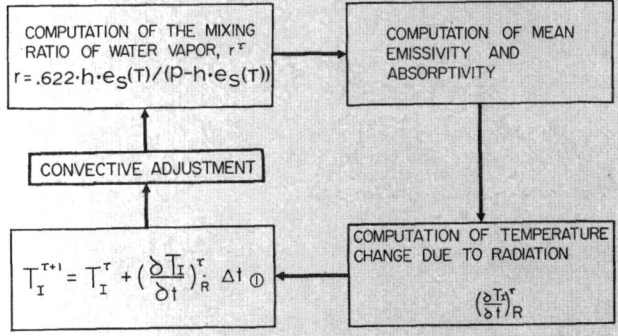

FIG. 2. Flow chart for the numerical time integration.

In the actual computation, the state of radiative convective equilibrium is computed as an asymptotic state of an initial value problem. Details of the procedure are described in Appendix 1. The flow chart of the marching computation is shown in Fig. 2. In this figure $e_s(T)$ denotes the saturation vapor pressure of water vapor as a function of temperature T, and h denotes the relative humidity. τ denotes the number of the time steps of numerical integration, and I is the indexing of the finite differences in the vertical direction. (Refer to Appendix 3 for the illustration of levels adopted for vertical differencing.) The exact definitions of mean emissivity and mean absorptivity are also given in M.S., pp. 365–366.

Since the changes of absolute humidity correspond to the change of air temperature, the equivalent heat capacity of moist air with relative humidity h may be defined as

$$C_p' = C_p \left[1 + \frac{L}{C_p} \cdot \frac{\partial}{\partial T} \left(\frac{0.622 h e_s(T)}{p - h e_s(T)} \right) \right], \quad (1)$$

where L and C_p are the latent heat of evaporation and the specific heat of air under constant pressure, respectively. The second term in the bracket appears due to the change of latent energy of the air.

The reader should refer to M.S. for the following information.

1) Computation of the flux of long-wave radiation.
2) Computation of the depletion of solar radiation.
3) Determination of mean absorptivity and emissitivity.

Some additional explanation of how we determine the absorptivity is given in Appendix 2.

b. Standard distribution of atmospheric absorbers. In this subsection, the vertical distributions of water vapor, carbon dioxide, ozone, and cloud, which are used for the computations of thermal equilibrium, and those of heat balance in the following section, are described. They are adopted unless we specify otherwise.

The typical vertical distribution of relative humidity can be approximated with the help of the data in Fig. 3. In this figure, the hemispheric mean of relative humidity obtained by Telegadas and London (1954) and that of relative humidity obtained by Murgatroyd (1960) are shown in the upper and lower troposphere, respectively. The stratospheric distributions of relative humidity obtained by Mastenbrook (1963) at Minneapolis and Washington, D. C., are also plotted after some smoothing of data. Referring to this figure, the following linear function is chosen to represent the vertical distribution of relative humidity, i.e.,

$$h = h_* \left(\frac{Q - 0.02}{1 - 0.02} \right), \quad (2)$$

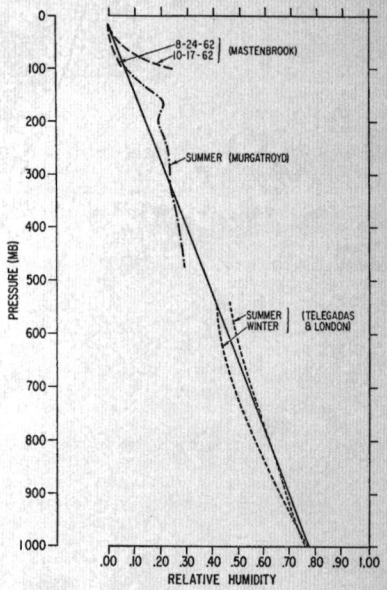

FIG. 3. Vertical distribution of relative humidity (Mastenbrook, 1963; Murgatroyd, 1960; Telegadas and London, 1954).

where h_* is the relative humidity at the earth's surface, equal to 0.77, $Q = p/p_*$, and p_* is surface pressure. When Q is smaller than 0.02, Eq. (2) gives negative value of h. Therefore, it is necessary to specify the humidity distribution for small Q values. According to the measurements by Mastenbrook (1963) and Houghton (1963), the stratosphere is very dry and its mixing ratio is approximately 3×10^{-6} gm gm^{-1} of air. We have therefore assumed that the minimum value of mixing ratio $r_{\min}$ to be 3×10^{-6} gm gm^{-1} of air, i.e., if

$$r(T,h)\left(= \frac{0.622 h e_s(T)}{p - h e_s(T)} \right) < r_{\min},\quad (3)$$

set

$$r = r_{\min} (= 3 \times 10^{-6} \text{ gm gm}^{-1} \text{ of air}).$$

The mixing ratio of carbon dioxide in the atmosphere is assumed to be constant. The mixing ratio adopted for the present computation is 0.0456% by weight (300 ppm by volume).

The vertical distribution of ozone which is used for the computation is shown in Fig. 4. This data is obtained by Herring and Borden (1965) using chemiluminescent ozonesondes for the period September

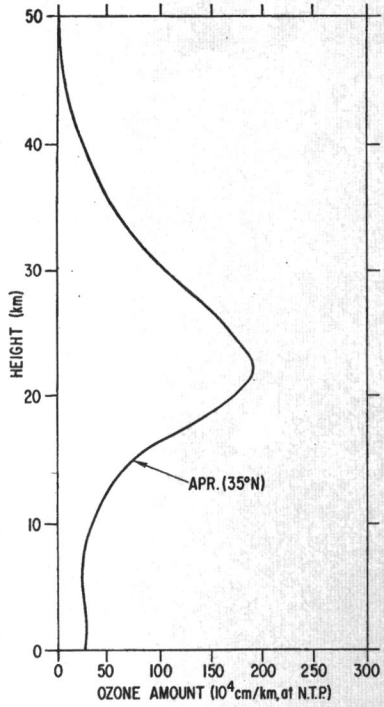

FIG. 4. Vertical distribution of ozone at 35N, April (Herring and Borden, 1965), normalized by the total amount from London (1962).

1963 to August 1964. The vertical distribution at 35N, April, is taken from the figure of his paper, and is normalized to the total amount of ozone obtained by London (1962).

The heights, albedo, and the amounts of cloud adopted for the computation are tabulated in Table 1. The albedo of the earth's surface is assumed to be 0.102.

TABLE 1. Cloud characteristics employed in radiative convective equilibrium model.

Cloud	Height (km)	Amount	Albedo
High	10.0	0.228	0.20
Middle	4.1	0.090	0.48
Low			
top	2.7	0.313	0.69
bottom	1.7		

c. *Hergesell's problem and radiative convective equilibrium.* Before discussing the results of the study of radiative convective equilibrium in detail, we shall briefly discuss the problem of pure radiative equilibrium (no convection) of the atmosphere with a given distribution of relative humidity. This problem was first investigated by Hergesell (1919) who criticized Emden's solution of pure radiative equilibrium because it allows a layer of supersaturation. Using the assumption of grey body radiation, he obtained, numerically, the state of pure radiative equilibrium of the atmosphere with a realistic distribution of relative humidity. The atmosphere in pure radiative equilibrium thus obtained is almost isothermal, and its temperature is extremely low due to the self-amplification effect of water vapor on the equilibrium temperature of the atmosphere. (For example, since the water content of the atmosphere decreases with decreasing temperature, the greenhouse effect of the atmosphere decreases, and so on.) Fig. 5 shows the solution of this problem which is obtained by our method without using the assumption of grey body radiation (cloudiness = 0). Although the surface equilibrium temperature is much higher than that obtained by Hergesell due to the effect of line center absorption, a sharp decrease of temperature with increasing altitude appears near the ground, and the temperature of the troposphere is much lower than that which is obtained for the atmosphere with a

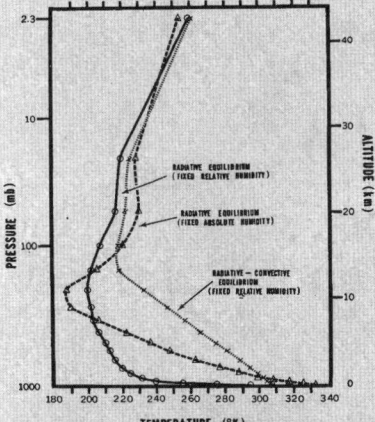

FIG. 5. Solid line, radiative equilibrium of the clear atmosphere with the given distribution of relative humidity; dashed line, radiative equilibrium of the clear atmosphere with the given distribution of absolute humidity; dotted line, radiative convective equilibrium of the atmosphere with the given distribution of relative humidity.

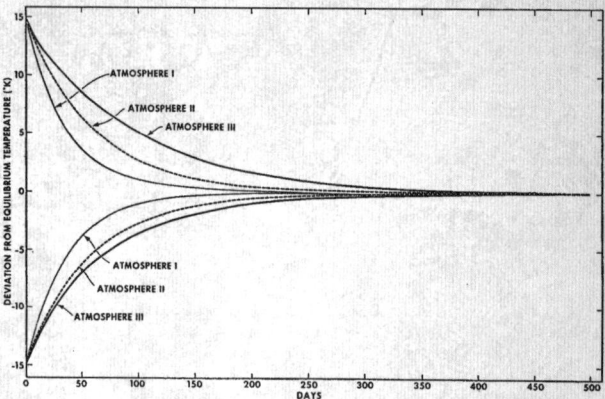

FIG. 6. Approach of vertical mean temperature toward the state of equilibrium. Atmosphere I (dotted line), Atmosphere II (dashed line), Atmosphere III (solid line).

realistic distribution of absolute humidity. This is shown in the same figure. For the sake of comparison, the distribution of equilibrium temperature with convective adjustment is also shown in the figure. The distribution of humidity adopted for this computation is given by Eqs. (2) and (3).

This comparison clearly demonstrates the role of convective adjustment in maintaining the existing distribution of atmospheric temperature. Without this effect, the temperature of the troposphere as well as the height of the tropopause would have been unrealistically low due to the positive feedback effect of water vapor on the air temperature, which we discussed in the introduction.

d. Approach towards the equilibrium state. It should take longer for the atmosphere with a given distribution of relative humidity than for the atmosphere with a given distribution of absolute humidity to reach the state of thermal equilibrium. Two of the reasons for this difference are as follows:

1) As we explained in the introduction, the dependence of outgoing radiation of the atmosphere with a given distribution of relative humidity depends less on the atmospheric temperature than does that of an atmosphere with a given distribution of absolute humidity. Accordingly, the speed of approach towards the equilibrium state is significantly less.

2) Since the vertical distribution of relative humidity is constant throughout the course of the time integration, absolute humidity depends upon the atmospheric temperature, and the variation of absolute humidity involves the variation of the latent energy of the air. Therefore, the effective heat capacity of the air with the given relative humidity is larger than the heat capacity of dry air. Accordingly, the speed of approach is slower.

In Fig. 6, the approaches of each of three idealized atmospheres towards the equilibrium are shown. These are as follows:

Atmosphere I: Vertical distribution of absolute humidity is constant with time.

Atmosphere II: Vertical distribution of relative humidity is constant with time. The heat capacity of the air is assumed to be 0.24 cal gm^{-1}, i.e., the heat capacity of dry air.

Atmosphere III: Vertical distribution of relative humidity is constant with time. The effective heat capacity of air which is given by Eq. (1) is adopted.

Two initial conditions which are chosen for the time integrations shown in Fig. 6 are obtained by adding 15K to the temperature distribution of radiative convective equilibrium.

Because of the first of the two reasons mentioned above, it takes about 1.5 times longer for Atmosphere II than for Atmosphere I to reach the state of equilibrium; and it takes even longer for Atmosphere III to reach equilibrium due to the second reason described above. In short, "the radiation-condensation relaxation" is much slower than pure radiation relaxation. Therefore, it is probable that the radiation-condensation relaxation is one of the important factors in determining the seasonal variation of atmospheric temperature. Also, Fig. 6 shows that it takes longer for the warm atmosphere to reach the state of equilibrium than for the cold atmosphere. This result suggests that

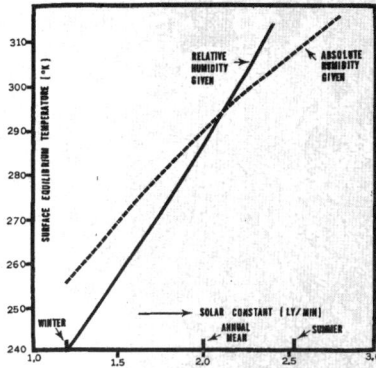

FIG. 7. Solar constant and surface temperature of radiative convective equilibrium. Solid line and dashed line show the case of fixed relative humidity and that of fixed absolute humidity, respectively. Insolation of summer and that of winter is obtained by taking the mean value for the period of June–July–August, and that of December–January–February.

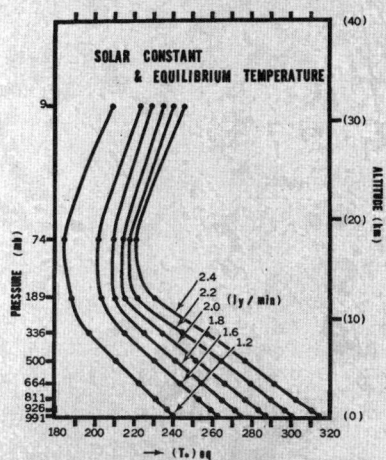

FIG. 8. Vertical distribution of radiative convective equilibrium temperature of the atmosphere with a given distribution of relative humidity for various values of the solar constant.

it is not advisable to perform the numerical integration of the general circulation model by starting from the very warm initial condition.

3. Solar constant and radiative convective equilibrium

a. Thermal equilibrium for various solar constants. One of the most fundamental factors which determines the climate of the earth is the solar constant. In order to evaluate the effect of the solar constant upon the climate of the earth's surface, a series of computations of thermal equilibrium was performed. Fig. 7 shows the dependence of the surface equilibrium temperature upon the solar constant for both the atmosphere with a given distribution of relative humidity, and that with a given distribution of absolute humidity.

According to this figure, the equilibrium temperature of the atmosphere with a given distribution of relative humidity is twice as sensitive to the change of the solar constant as that with a given distribution of absolute humidity in the range of temperature variation of middle latitudes. This difference in the sensitivity decreases with decreasing temperature. When the temperature is very low, say 240K, the difference is practically negligible, because the mixing ratio of water vapor is extremely small. On the other hand, the equilibrium temperature is very sensitive to the change of the solar constant when the temperature is much above 300K. This result clearly demonstrates the self-amplification effect of water vapor on the equilibrium temperature of the atmosphere with a given distribution of relative humidity. As a reference, the vertical distributions of equilibrium temperature corresponding to various values of the solar constant are shown in Fig. 8.

b. Outgoing radiation and atmospheric temperature. In order to satisfy the condition of thermal equilibrium, the variation of the solar constant must be compensated for by a corresponding change of the outgoing long-wave radiation at the top of the atmosphere. In this subsection, we shall investigate the dependence of outgoing radiation on atmospheric temperature in order that we may understand the results described just above.

In Fig. 9, various vertical distributions of temperature adopted for the present computations are shown, and in Fig. 10, the upward long-wave radiation at the top of the atmosphere is plotted versus the temperature of the earth's surface T_*. The distribution of relative humidity, cloudiness, and other atmospheric absorbers adopted for this computation are described in Section 2b. In Fig. 9 curves representing blackbody radiation temperatures T_*, $(T_* - 10)$, $(T_* - 20)$, $(T_* - 30)$, and $(T_* - 50)$ are also drawn for the sake of comparison. According to this comparison, the outgoing long-wave radiation at the top of the atmosphere with a given distribution of relative humidity depends less upon the atmospheric temperature than is expected from the fourth-power law of Stefan-Boltzmann.

As we explained in the introduction, the deviation from the fourth-power law is mainly due to the dependence of the effective source of outgoing radiation upon the temperature of the atmosphere. This result explains why the atmosphere with the fixed distribution of relative humidity is more sensitive to the variation of solar radiation than the atmosphere with the fixed distribution of absolute humidity.

4. Equilibrium temperature and atmospheric absorbers

In this section, we shall discuss the dependence of equilibrium temperature upon the vertical distribution of atmospheric absorbers such as water vapor, carbon dioxide, ozone, and cloud. It is hoped that the results of this section will be useful for evaluating the possibility of various climatic changes in the earth's atmosphere.

a. Tropospheric relative humidity. In order to evaluate the dependence of equilibrium temperature upon the distribution of relative humidity of the atmosphere, a series of computations of thermal equilibrium was performed for various distributions of relative humidity. The vertical distribution of relative humidity adopted for this series of computations is described by Eqs. (2) and (3), except that we assigned various values to h_*. For the distribution of other gaseous absorbers and clouds, see Section 2b.

Fig. 11 shows the vertical distributions of equilibrium temperature corresponding to h_* values of 0.2, 0.6, and 1.0. The following features are noteworthy.

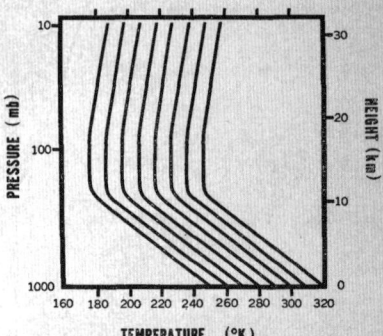

FIG. 9. Vertical distributions of temperature adopted for the computation of radiative flux shown in Fig. 10.

1) The higher the tropospheric relative humidity, the warmer is the equilibrium temperature of the troposphere.
2) The equilibrium temperature of the stratosphere depends little upon the tropospheric relative humidity.

Table 2 shows the dependence of the net upward radiation at the top of the atmosphere R_L, and that

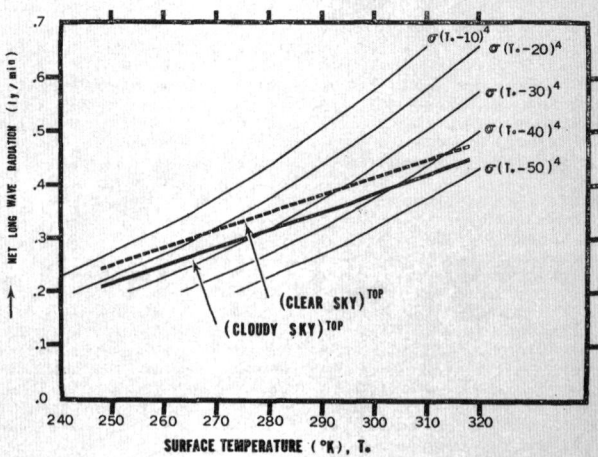

FIG. 10. Net long-wave radiation at the top of the atmosphere for the set of temperature distributions shown in Fig. 9. Thin lines in the background show the black body radiation at the temperatures (T_*-10), (T_*-20), (T_*-30), (T_*-40), and (T_*-50).

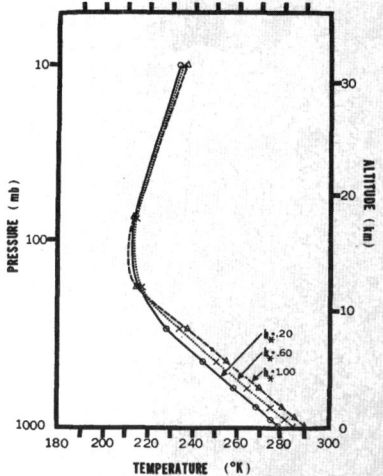

Fig. 11. Vertical distributions of radiative convective equilibrium temperature for various distributions of relative humidity.

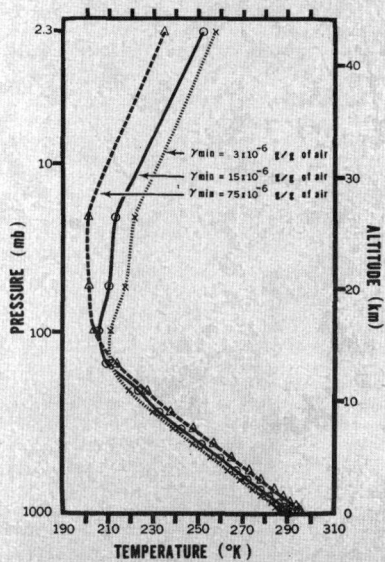

Fig. 12. Vertical distributions of radiative convective equilibrium temperature for various values of water vapor mixing ratio in the stratosphere.

of the surface equilibrium temperature T_*^e upon the relative humidity of the earth's surface. Based upon this table, it is possible to obtain the following approximate relationship between T_*^e and h_*:

$$\frac{\partial T_*^e}{\partial (100 h_*)} \simeq 0.133,$$

the units being degrees Celsius per unit percentage change of relative humidity, and where $1.0 \geq h^* \geq 0.2$. This table also indicates that the net outgoing radiation depends very little upon the tropospheric relative humidity. This is why the dependence of stratospheric temperature upon tropospheric relative humidity is so small.

b. Water vapor in the stratosphere. Recently, a panel on weather and climate modification appointed by the National Academy of Science (1966) suggested that the temperature of the earth's atmosphere may be altered significantly by an increase of stratospheric water vapor anticipated with an increasing number of supersonic transport aircraft flights. It should be useful to evaluate the effect of the variation of stratospheric water vapor upon the thermal equilibrium of the atmosphere, with a given distribution of relative humidity. The distribution of humidity adopted for this series of computations is given by Eqs. (2) and (3), except that the absolute humidity of the stratosphere r_{min} is different for each experiment.

The values of r_{min} chosen for this series of computations are 3×10^{-6}, 15×10^{-6}, and 75×10^{-6} gm gm^{-1} of air. Figs. 12 and 13 show the states of thermal equilibrium thus computed, and the corresponding vertical distributions of water vapor mixing ratio. Examination of Fig. 12 reveals the following features.[1]

1) The larger the stratospheric mixing ratio r_{min}, the warmer is the tropospheric temperature.
2) The larger the water vapor mixing ratio in the stratosphere, the colder is the stratospheric temperature.

TABLE 2. Variation of surface equilibrium temperature T_*^e and net upward radiation at the top of the atmosphere R_L for various values of the relative humidity at the earth's surface h_*.

h_*	T_*^e	R_L (1y min^{-1})
0.2	278.1	0.3214
0.6	285.0	0.3274
1.0	289.9	0.3313

[1] Qualitatively similar conclusions were obtained for the atmosphere with a given distribution of absolute humidity [see M. S. and Manabe and Möller (1961)].

3) The dependence of the equilibrium temperature in the stratosphere upon the stratospheric water vapor mixing ratio is much larger than that in the troposphere.

Table 3 shows the equilibrium temperature of the earth's surface corresponding to various water vapor mixing ratios in the stratosphere. Recent measurements by Mastenbrook (1963) and others suggest that the mixing ratio in the atmosphere is about 3×10^{-6} gm gm^{-1} of air. According to this table, a 5-fold increase of stratospheric water vapor over its present value would increase the temperature of the earth's surface by about 2.0C. It is highly questionable that such a drastic increase of stratospheric water vapor would actually take place due to the release of water vapor from the supersonic transport. Recently, Manabe et al. (1965) performed a numerical experiment of the general circulation model of the atmosphere with the hydrologic cycle. They concluded that, in the model atmosphere, the large-scale quasi-horizontal eddies are very effective in removing moisture from the high- and middle-latitude stratosphere by freezing out near the cold equatorial tropopause. Their results must be viewed with caution, however, because their computation involves a large truncation error in evaluating vertical advection of water vapor in the upper troposphere and the lower stratosphere. This study, nonetheless, suggests the

TABLE 3. The variation of the equilibrium temperature of the earth's surface $T_*{}^*$ with stratosphere water vapor mixing ratio r_{min}.

r_{min} (gm gm^{-1})	$T_*{}^*$ (°K)
3×10^{-6}	288.4
15×10^{-6}	290.4
75×10^{-6}	296.0

possible importance of dynamical process in the water balance of the stratosphere.

c. *Carbon dioxide.* As we mentioned in the introduction, Möller (1963) discussed the influence of the change of CO_2 content in the atmosphere with a given value of relative humidity on the temperature of the earth's surface. He computed the magnitudes of downward long-wave radiation corresponding to various CO_2 contents, and estimated the change of surface temperature required to compensate for the change of net downward radiation due to the change of CO_2 content. His results suggest that the increase in the water content of the atmosphere with increasing temperature causes a self-amplification effect, which results in an almost arbitrary change of temperature at the earth's surface. In order to re-examine Möller's computation by use of the present scheme of computing radiative transfer, the net upward long-wave radiation into the atmosphere with given distributions of relative humidity was computed for various distributions of surface temperature as shown in Fig. 9. The vertical distribution of cloudiness and that of relative humidity have already been specified in Section 2b. In Fig. 14, the magnitude of net radiation thus computed is plotted versus the temperature of the earth's surface. For the sake of comparison, the magnitudes of net flux obtained by using the formulas proposed by Möller (1963), Berliand and Berliand (1952), and Boltz and Falkenberg (1950) are added to the same figure. The relative humidity at the earth's surface needed for these computations is assumed to be 77%. Möller (1963) and Berliand and Berliand (1952) obtained their empirical formulas from radiation chart computations,

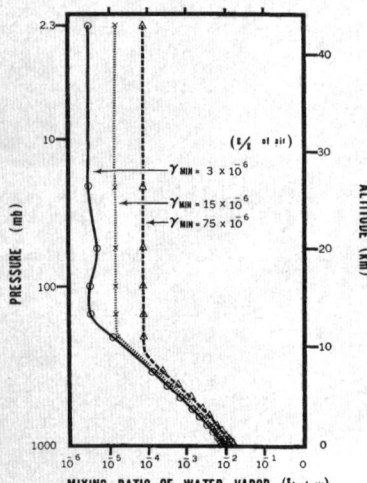

FIG. 13. Vertical distribution of water vapor mixing ratio corresponding to the equilibrium status shown in Fig. 12.

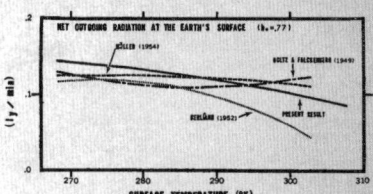

FIG. 14. Values of net upward long-wave radiation at the earth's surface which are computed from the empirical formulas obtained by various authors as well as the values from the present contribution.

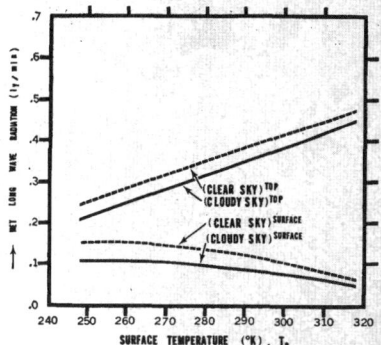

FIG. 15. The net upward long-wave radiation both at the top and bottom of the atmosphere.

whereas Boltz and Falkenberg (1950) obtained their empirical formula using measurements with a carefully calibrated vibrational pyranometer. Our comparison shows the results obtained by the various methods to be fairly consistent. Generally speaking, the dependence

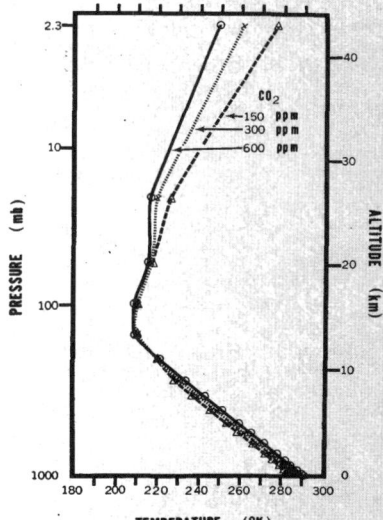

FIG. 16. Vertical distributions of temperature in radiative convective equilibrium for various values of CO_2 content.

TABLE 4. Equilibrium temperature of the earth's surface (°K) and the CO_2 content of the atmosphere.

CO_2 content (ppm)	Average cloudiness		Clear	
	Fixed absolute humidity	Fixed relative humidity	Fixed absolute humidity	Fixed relative humidity
150	289.80	286.11	298.75	304.40
300	291.05	288.39	300.05	307.20
600	292.38	290.75	301.41	310.12

of net radiation upon temperature is small. It increases or decreases with increasing temperature depending upon the method of computation. For example, the results of the present computation and those of Berliand indicate that the net upward radiation decreases monotonically with increasing surface temperature for the ordinary range of temperature. If one discusses the effect of carbon dioxide upon the climate of the earth's surface based upon these results, one could conclude that the greater the amount of carbon dioxide, the colder would be the temperature of the earth's surface, i.e., to compensate for the increase of downward radiation due to the increase of carbon dioxide, it is necessary to have a lower temperature. On the other hand, the result of Boltz and Falkenberg (1950) may lead us to the opposite conclusion for temperatures above 290K. As Möller (1963) suspected, these results do not always indicate the extreme sensitivity of the actual earth's climate. The basic shortcoming of this line of argument may be that it is based upon the heat balance only of the earth's surface, instead of that of the atmosphere as a whole. In Fig. 15, the net upward long-wave radiation at the top of the atmosphere, together with that at the earth's surface, are plotted against the temperature of the earth's surface. As we have already discussed in Section 3b, the former increases significantly with increasing temperature in contrast to the latter. In order to compensate for the decrease of net outgoing radiation at the top of the atmosphere due to the increase of CO_2 content, it is necessary to increase the atmospheric temperature. Therefore, one may expect that the larger the CO_2 content in the atmosphere, the warmer would be the temperature of the earth for the ordinary range of atmospheric temperature. This result is not in agreement with the conclusion which we reached based upon the earth's surface.

TABLE 5. Change of equilibrium temperature of the earth's surface corresponding to various changes of CO_2 content of the atmosphere.

Change of CO_2 content (ppm)	Fixed absolute humidity		Fixed relative humidity	
	Average cloudiness	Clear	Average cloudiness	Clear
300 → 150	−1.25	−1.30	−2.28	−2.80
300 → 600	+1.33	+1.36	+2.36	2.92

In order to obtain the complete picture, it is also necessary to consider the effect of convection. Therefore, a series of radiative convective equilibrium computations were performed. Fig. 16 shows the vertical distributions of equilibrium temperature corresponding to the three different CO_2, i.e., 150, 300, and 600 ppm contents by volume. In this figure, the following features are noteworthy:

1) The larger the mixing ratio of carbon dioxide, the warmer is the equilibrium temperature of the earth's surface and troposphere.
2) The larger the mixing ratio of carbon dioxide, the colder is the equilibrium temperature of the stratosphere.
3) Relatively speaking, the dependence of the equilibrium temperature of the stratosphere on CO_2 content is much larger than that of tropospheric temperature.

Table 4 shows the equilibrium temperature of the earth's surface corresponding to various CO_2 contents of the atmosphere, and Table 5 shows the change of surface equilibrium temperature corresponding to the change of CO_2 content. In these tables, values for both the atmosphere with given distribution of absolute humidity, and that with the given distribution of relative humidity are shown together. According to this comparison, the equilibrium temperature of the former is almost twice as sensitive to the change of CO_2 content as that of the latter, but not as sensitive as the results of Möller suggest. These results indicate that the extreme sensitivity he obtained was mainly for the reason already stated.

Although our method of estimating the effect of overlapping between the 15-μ band of CO_2 and the rotation band of water vapor is rather crude, we believe that the general conclusions which have been obtained here on the atmosphere with a fixed relative humidity should not be altered by this inaccuracy. It is interesting to note that the dependencies of surface temperature on the CO_2 content, which were obtained by Möller (1963) and present authors for the atmosphere with a fixed relative humidity, agree reasonably well with each other (see Table 6 for Möller's results).

d. *Ozone.* States of thermal equilibrium were computed for three different distributions of ozone as shown in Fig. 17. These distributions were read off

TABLE 6. Change of equilibrium temperature of the earth's surface corresponding to various changes of CO_2 content of the atmosphere [computed by Möller using the absorption value of Yamamoto and Sasamori (1958)].

Variation of CO_2 content (ppm)	Fixed absolute humidity	
	Average cloudiness	Clear
300 → 150	−1.0	−1.5
300 → 600	+1.0	+1.5

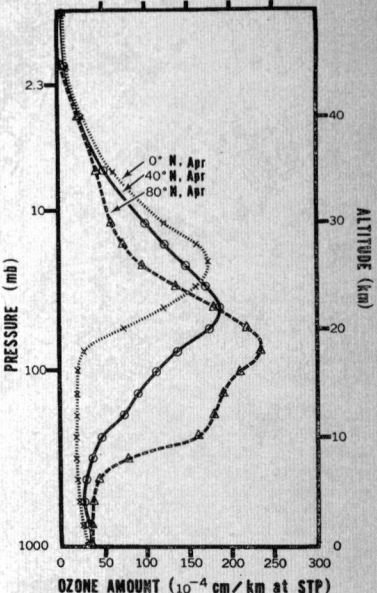

FIG. 17. Vertical distribution of O_3 adopted for the computation of radiative equilibrium shown in Fig. 18. Vertical distribution (Herring and Borden, 1965); total amount (London, 1962).

from the results which were obtained by Herring and Borden (1965), using the chemiluminescent ozonesonde. The total amounts of ozone are adjusted such that they coincide with those obtained by London (1962). Among the three distributions shown in the figure, the total amount for 0N, April, is a minimum, and that for 80N, April, a maximum. Fig. 18 shows the vertical distribution of equilibrium temperature corresponding to each ozone distribution. The following features are noteworthy:

1) The larger the amount of ozone, the warmer is the temperature of troposphere and the lower stratosphere, and the colder is the temperature of the upper stratosphere.
2) The influence of ozone distribution upon equilibrium temperature is significant in the stratosphere, but is small in the troposphere.
3) As we pointed out in M.S., the ozone distribution of 0N, April, tends to make the tropopause height higher and the tropopause profile sharper than those of 80N, April. As reference, equilibrium temperatures of the earth's surface as well as the

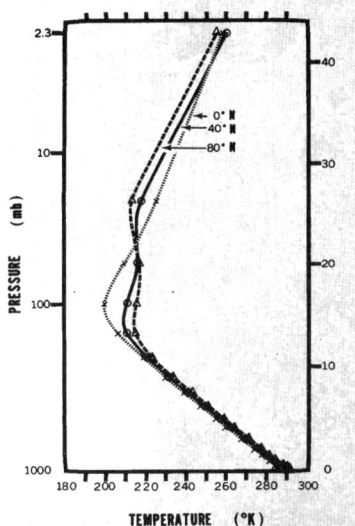

FIG. 18. Vertical distributions of the temperature of radiative convective equilibrium, which correspond to the ozone distributions shown in Fig. 17.

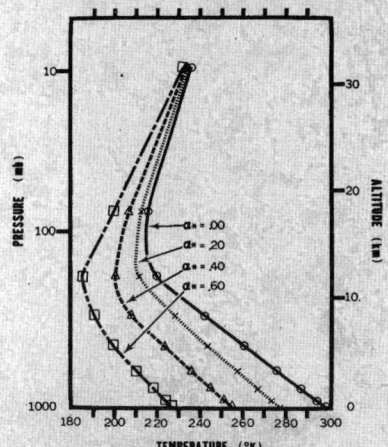

FIG. 19. Vertical distributions of radiative convection equilibrium for various values of surface albedo.

total amounts for the three distributions adopted here are tabulated in Table 7.

e. Surface albedo. A series of thermal equilibrium states of the atmosphere with the given distribution of relative humidity was computed for various albedos of the earth's surface. Fig. 19 shows the results. Examination of this figure reveals the following features:

1) The larger the value of albedo of the earth's surface, the colder the temperature of the atmosphere.
2) The influence of the surface albedo decreases with increasing altitude. It is a maximum at the earth's surface, and is almost negligible at the 9-mb level.

Table 8 shows the surface equilibrium temperature $T_*{}^e$ for various values of surface albedo α_*. According to this table, the sensitivity of the equilibrium temperature of the earth's surface on the surface albedo may be approximately expressed by

$$\partial T_*{}^e / \partial (100\alpha_*) = -1,$$

where the units are degrees Celcius change per unit percentage change of surface albedo.

Again, this sensitivity is almost twice as large as that of the atmosphere with a fixed absolute humidity for the ordinary range of solar constant.

f. Cloudiness. A series of thermal equilibrium computations was performed for various distributions of cloudiness. The equilibrium temperatures of the earth's surface for a variety of cloud distributions are tabulated in Table 9 and shown in Fig. 20.

Generally speaking, the larger the cloud amount, the colder is the equilibrium temperature of the earth's surface, though this tendency decreases with increasing cloud height and does not always hold for cirrus. The equilibrium temperature of the atmosphere with average cloudiness specified in the table is about 20.7C colder than that for a clear atmosphere. This difference is significantly larger than the difference of about

TABLE 7. Equilibrium temperatures of the earth's surface for three ozone distributions.

Latitude, month	Total amount O_2 (cm, STP)	$T_*{}^e$ (°K)
0N, April	0.260	287.9
40N, April	0.351	288.8
80N, April	0.435	290.3

TABLE 8. Surface equilibrium temperatures $T_*{}^e$ for various values of surface albedo α_*.

Albedo	$T_*{}^e$
0.00	297.2
0.20	276.4
0.40	253.2
0.60	227.0

TABLE 9. Effect of cloudiness on surface equilibrium temperature $T_*{}^\circ$. FB and HB refer to full black and half black, respectively.

Experiment no.	High	Cloudiness (amount) Middle	Low	$T_*{}^\circ$ (°K)
C1	0.000(HB)	0.072(FB)	0.306(FB)	280.1
C2	0.500(HB)	0.072(FB)	0.306(FB)	281.6
C3	1.000(HB)	0.072(FB)	0.306(FB)	284.2
C1	0.000(FB)	0.072(FB)	0.306(FB)	280.1
C4	0.500(FB)	0.072(FB)	0.306(FB)	298.4
C5	1.000(FB)	0.072(FB)	0.306(FB)	318.0
C6	0.218(FB)	0.000(FB)	0.306(FB)	290.5
C7	0.218(FB)	0.500(FB)	0.306(FB)	271.5
C8	0.218(FB)	1.000(FB)	0.306(FB)	251.8
C9	0.218(FB)	0.072(FB)	0.000(FB)	311.3
C10	0.218(FB)	0.072(FB)	0.500(FB)	272.0
C11	0.218(FB)	0.072(FB)	1.000(FB)	229.3
C12	0.000	0.000	0.000	307.8
C13	0.218(FB)	0.072(FB)	0.306(FB)	287.1

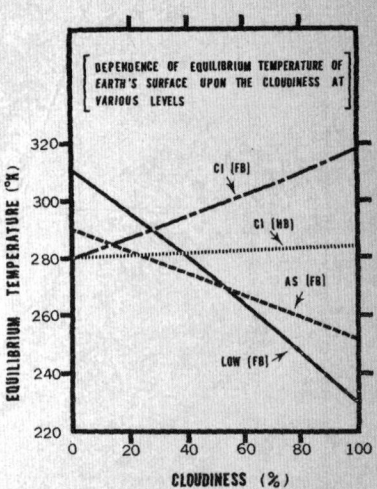

FIG. 20. Radiative convective equilibrium temperature at the earth's surface as a function of cloudiness (cirrus, altostratus, low cloud). FB and HB refer to full black and half black, respectively.

13C, which was obtained for the atmosphere with a fixed absolute humidity (see M.S.). The dependence of equilibrium temperature of the earth's surface on the amount of low (C_L), middle (C_M), and high (C_H) clouds may be expressed by the following equations:

$$\partial T_*{}^\circ/\partial(100C_L) = -8.2$$

$$\partial T_*{}^\circ/\partial(100C_M) = -3.9$$

$$\partial T_*{}^\circ/\partial[100C_H(\text{FB})] = +0.17$$

$$\partial T_*{}^\circ/\partial[100C_H(\text{HB})] = +0.04.$$

All units are in degrees Celcius change per unit percentage increase in cloudiness. FB and HB refer to full black and half black, respectively.

The reader should refer to Section 2b for the albedo of each cloud type and the distributions of the gaseous absorbers adopted for this computation. Whether cirrus clouds heat or cool the equilibrium temperature depends upon both the height and the blackness of cirrus cloud. This subject was previously discussed in M.S.

Relatively speaking, the influence of cloudiness upon the equilibrium temperature is more pronounced in the troposphere than in the stratosphere, where the influence decreases with increasing altitude. (Refer to Figs. 21 and 22, which show the vertical distribution of

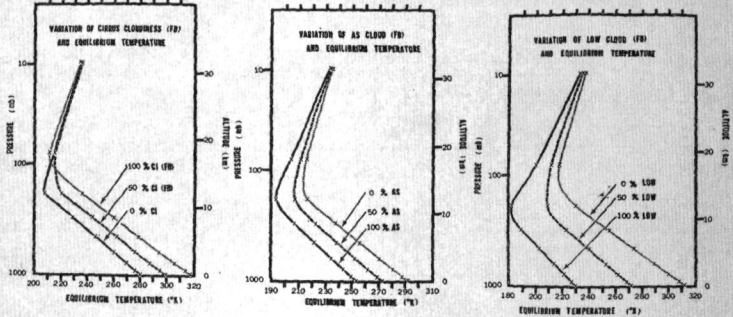

FIG. 21. Vertical distributions of equilibrium temperature for various values of high, middle, and low cloudiness.

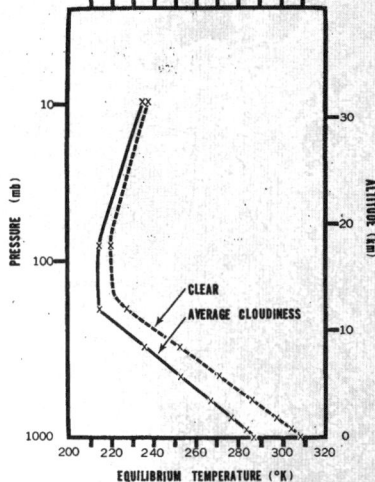

FIG. 22. Vertical distributions of equilibrium temperature for a clear atmosphere and that for an atmosphere with average cloudiness.

equilibrium temperatures for various distributions of cloudiness.) Accordingly, middle and low clouds have a tendency to lower the height of the tropopause.

5. Summary and conclusions

1) A series of radiative convective equilibrium computations of the atmosphere with a given distribution of relative humidity were performed successfully.

2) Generally speaking, the sensitivity of the surface equilibrium temperature upon the change of various factors such as solar constant, cloudiness, surface albedo, and CO_2 content are almost twice as much for the atmosphere with a given distribution of relative humidity as for that with a given distribution of absolute humidity.

3) The speed of approach towards the state of equilibrium is half as much for the atmosphere with a given distribution of relative humidity as for that with the given distribution of absolute humidity. In other words, the time required for radiation-condensation relaxation is much longer than that required for radiation relaxation of the mean atmospheric temperature.

4) Doubling the existing CO_2 content of the atmosphere has the effect of increasing the surface temperature by about 2.3C for the atmosphere with the realistic distribution of relative humidity and by about 1.3C for that with the realistic distribution of absolute humidity. The present model atmosphere does not have the extreme sensitivity of atmospheric temperature to the CO_2 content which Möller (1963) encountered in his study when the atmosphere has a given distribution of relative humidity.

5) A five-fold increase of stratospheric water vapor from the present value of 3×10^{-6} gm gm^{-1} of air causes an increase of surface equilibrium temperature of about 2.0C, when the vertical distribution of relative humidity is fixed. Its effect on the equilibrium temperature of the stratosphere is larger than that of troposphere.

6) The effects of cloudiness, surface albedo, and ozone distribution on the equilibrium temperature were also presented.

Acknowledgments. The authors wish to thank Dr. Smagorinsky and Dr. Möller whose encouragement started this study, Dr. J. Murray Mitchell, Jr., who read the manuscript carefully and who gave us many useful comments, and Mrs. Marylin Varnadore and Mrs. Clara Bunce who assisted in the preparation of the manuscript. Finally, the constant encouragement of Dr. Bryan is sincerely appreciated.

APPENDIX 1
Detail of the Method of Convective Adjustment

Since we did not describe the detail of the method of convective adjustment in M.S., we shall explain the method in this appendix. The following procedures are executed at each timestep (see Fig. 23).

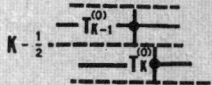
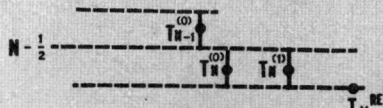

FIG. 23. Notations used for the explanations of convective adjustment.

1) Compute $T_K^{(0)}$ ($K=1, 2, \cdots, N$) by use of the equation

$$T_K^{(0)} = T_K^\tau + \left(\frac{\partial T_K^\tau}{\partial \tau}\right)_{RAD} \Delta t,$$

where T_K is the temperature of the Kth level at the τth time step, $(\partial T_K^\tau/\partial t)_{RAD}$ is the rate of change of T_K at the τth time step, and Δt is the time interval of forward time integration.

2) Compute the radiative equilibrium temperature of the earth's surface T_*^{Re} such that it satisfies the relationship

$$(SR)_*^\tau + (DLR)_*^\tau = \sigma(T_*^{Re})^4,$$

where $(SR)_*^\tau$ and $(DLR)_*^\tau$ are net solar radiation and downward long-wave radiation at the τth time step, respectively.

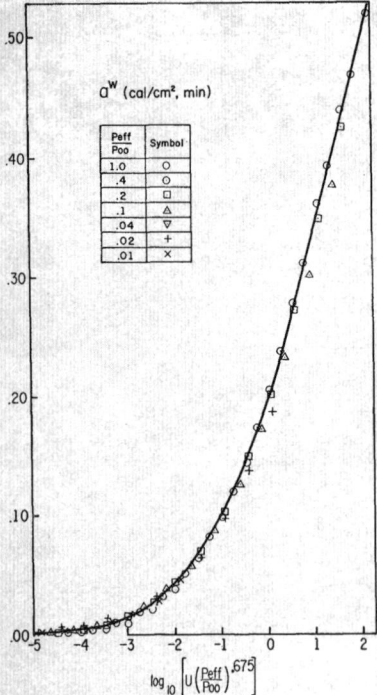

FIG. 24. The rate of absorption of solar radiation by H_2O.

3) Compute $T_N^{(1)}$ such that it satisfies the relationship

$$C_p \frac{\Delta p_N}{g}(T_N^{(1)} - T_N^{(0)}) = \sigma\{(T_*^{Re})^4 - (T_N^{(1)})^4\}\Delta t,$$

where Δp_N is the pressure thickness of the Nth layer and σ is the Stefan-Boltzmann constant.

4) If $T_N^{(1)} - T_{N-1}^{(0)} > (LRC)_{N-\frac{1}{2}}$ (unstable), compute $T_N^{(2)}$ and $T_{N-1}^{(1)}$ such that they satisfy the relationships

$$T_N^{(2)} - T_{N-1}^{(1)} = (LRC)_{N-\frac{1}{2}},$$

$$C_p\left\{\frac{\Delta p_N}{g}(T_N^{(2)} - T_N^{(1)}) + \frac{\Delta p_{N-1}}{g}(T_{N-1}^{(1)} - T_{N-1}^{(0)})\right\}$$
$$= \sigma\{(T_N^{(1)})^4 - (T_N^{(2)})^4\}\Delta t,$$

where $(LRC)_{N-\frac{1}{2}}$ is the critical (neutral) temperature difference between the Nth and $(N-1)$th level.

If $T_N^{(1)} - T_{N-1}^{(0)} < (LRC)_{N-\frac{1}{2}}$ (stable),

set $T_N^{(2)} = T_N^{(1)}$ and $T_{N-1}^{(1)} = T_{N-1}^{(0)}$.

5) Repeat the following procedures for $K = N-1, N-2, \cdots, 1$.

If $T_K^{(1)} - T_{K-1}^{(0)} > (LRC)_{K-\frac{1}{2}}$ (unstable),

compute $T_K^{(2)}$ and $T_{K-1}^{(1)}$ such that they satisfy

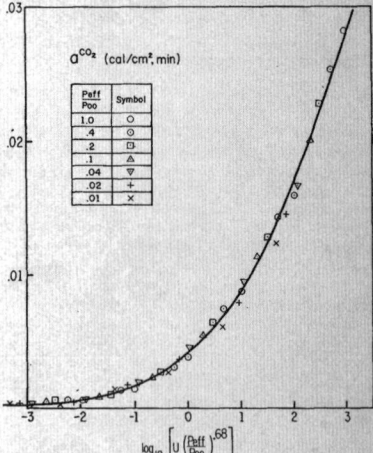

FIG. 25. The rate of absorption of solar radiation by CO_2.

the relationships

$$T_K{}^{(2)} - T_{K-1}{}^{(1)} = (LRC)_{K-\frac{1}{2}},$$

$$C_p \left\{ \frac{\Delta p_K}{g}(T_K{}^{(2)} - T_K{}^{(1)}) + \frac{\Delta p_{K-1}}{g}(T_{K-1}{}^{(1)} - T_{K-1}{}^{(0)}) \right\} = 0.$$

6) Repeat processes 4) and 5) after making the following replacement in the equations:

$$T_K{}^{(n)} \leftarrow T_K{}^{(n+2)} (K=1, 2, \cdots, N).$$

7) Repeat process 6) until the layer of supercritical lapse rate is completely eliminated.

Effectively, the temperature of the earth's surface at the $(\tau+1)$th step $(T_*{}^{\tau+1})$ and that of the atmosphere at the τth step are used for the computation of net radiative flux at the earth's sun face. This method is adopted for the sake of computational stability. Since we reach the final equilibrium which satisfies the requirement described in Section 2a, this inconsistency should not cause any error in the final equilibrium.

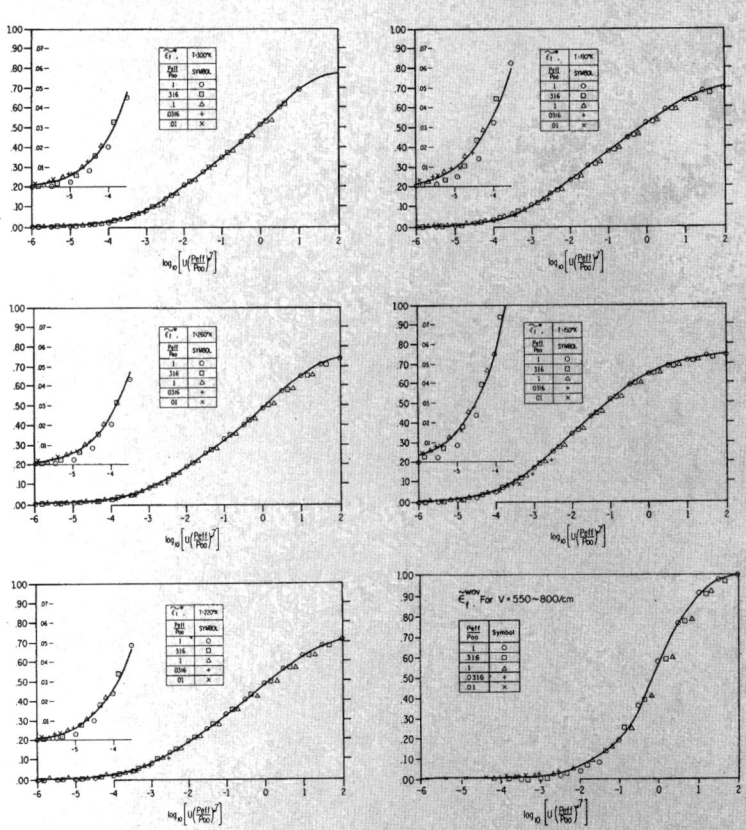

FIG. 26. The mean slab absorptivity of H_2O, from which the contribution of the range of wave number 550–800 cm^{-1} is omitted. In the lower right corner is shown the slab absorptivity of H_2O for the omitted range of wave number.

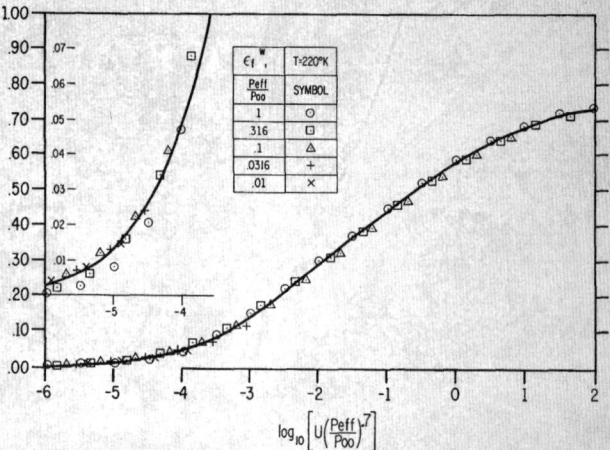

FIG. 27. Emissivity of H_2O from which the contribution of the wave number range 550–800 cm^{-1} is omitted.

APPENDIX 2

Absorptivities

Absorptivity data, which are used for this study, were given in Figs. A1–A6 of M.S. In these figures, mean slab absorptivities, emissivity, or the rate of absorption of solar insolation were taken as the ordinate, and the logarithm of optical thickness[2] was taken as the abscissa. The curves which were obtained for various pressures using the experimental data are shown in each figure.

As Howard et al. (1955) suggested, one can attempt to parameterize the dependence of the absorptivities

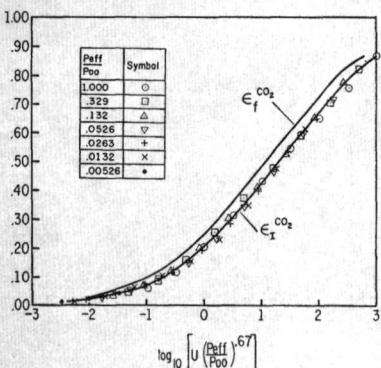

FIG. 28. Slab absorptivity ϵ_f and column absorptivity ϵ_I of CO_2 at 300K. Bandwidth is assumed to be 250 cm^{-1}.

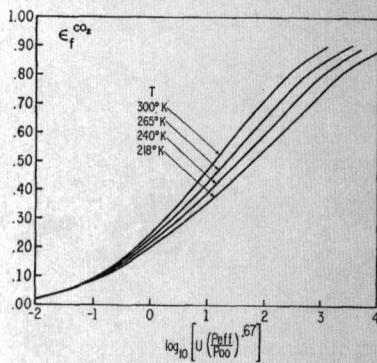

FIG. 29. Slab absorptivities of CO_2 at various temperatures.

[2] In Figs. A1, A2, A3, A4, and A5 of M. S., the abscissas show the logarithm of optical thickness instead of effective optical thickness, which was implied by captions.

TABLE 10. Illustration of the 18-level σ-coordinate system based on $p_* = 1000$ mb. H denotes the approximate height of the level, and Δp is the pressure thickness of the layer.

Level	σ	p (mb)	Δp (mb)	H (km)
1	0.0277	2	9	42.9
2	0.0833	20	25	26.4
3	0.1388	53	40	20.1
4	0.1944	99	52	16.1
5	0.2500	156	62	13.3
6	0.3055	223	71	11.0
7	0.3611	297	77	9.0
8	0.4166	376	81	7.5
9	0.4722	458	83	6.1
10	0.5277	542	83	4.9
11	0.5833	624	81	3.7
12	0.6388	703	77	2.9
13	0.6944	777	71	2.1
14	0.7500	844	62	1.4
15	0.8055	901	52	0.86
16	0.8611	947	40	0.46
17	0.9166	980	25	0.18
18	0.9722	998	9	0.02

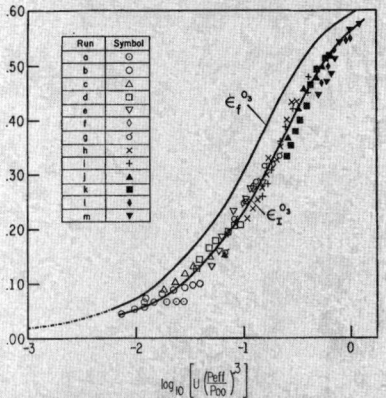

FIG. 30. Slab and column absorptivity of 9.6-μ band of O_3. Run means the run of experiments by Walshaw (1957). Bandwidth is assumed to be 138 cm^{-1}.

upon pressure by taking the following effective optical thickness u_r, as abscissa instead of the optical thickness u, i.e.,

$$u_r = (p/p_0)^k u,$$

where p is pressure, p_0 the standard atmospheric pressure, and k the constant to be determined from experimental values. It is not possible, however, to express the absorption curves as a function of u_r alone for the wide range of pressure and optical thickness covered by Figs. A1–A5 of M.S. In order to overcome this difficulty, we limited ourselves to the (p,u) range which is usually needed for the present computation of radiative convective equilibrium of the atmosphere. For example, the combination of a large u and small p or that of small u and large p is not encountered in our computation. This restriction enables us to construct the universal curves which are shown in Figs. 24 or 29. The values of absorptivity which correspond to one-half integral values of the logarithm of optical thickness, are plotted in these figures. However, for the 9.6-μ band only, the values of absorptivity which are obtained from the experiments of Walshaw (1957) are plotted. That part of the (p,u) range which is covered by Figs.

TABLE 11. Illustration of the 9-level σ-coordinate system based on $p_* = 1000$ mb.

Level	σ	p (mb)	Δp (mb)	H (km)
1	0.0555	9	34	31.6
2	0.1666	74	92	18.0
3	0.2777	189	133	12.0
4	0.3888	336	158	8.3
5	0.4999	500	166	5.5
6	0.6110	664	158	3.3
7	0.7221	811	133	1.7
8	0.8332	926	92	0.64
9	0.9443	991	34	0.07

A1–A5 of M.S., but is not encountered in our computation, is omitted from this compilation. Needless to say, it is desirable to use a two parameter u and p. However, one parameter u_r is adopted here for simplicity of programming. On page 368 of M.S. the method of obtaining a^W (Fig. 24) and a^{CO_2} (Fig. 25) are given. Refer to Eq. (13) of M.S. for the definition of $\bar{\epsilon}_f{}^W$ (Fig. 26), to Eq. (12) of M.S. for the definition of $\epsilon_f{}^W$ (Fig. 27), and to Eqs. (16a), (16b), and (17) of M.S. for the definition of $\epsilon_f{}^{CO_2}$ (Figs. 28 and 29), $\epsilon_f{}^{O_3}$ (Fig. 30), and $\bar{\epsilon}_f{}^{WOV}$ (Fig. 26). For the curve of absorption of solar radiation by ozone, refer to Fig. A6 of M.S.

APPENDIX 3

Both 18 and 9 atmospheric levels are used in the present computations. As in our previous computations, the location of each level is based on a suggestion by J. Smagorinsky. Let the quantity σ be defined as the following function of pressure:

$$Q = p/p_* = \sigma^2(3 - 2\sigma),$$

where p_* is the pressure at the earth's surface and assumed here to be 1000 mb. If we divide the atmosphere into equal σ-intervals, the pressure thickness of the layer is thin both near the earth's surface and the top of the atmosphere. Tables 10 and 11 show the σ-level adopted for 18- and 9-level models, respectively. For our study, we used both 18- and 9-level models.

In order to compare the equilibrium solutions obtained from these two coordinate systems, reference should be made to Fig. 31. The standard distribution of atmospheric absorbers, which is described in Section

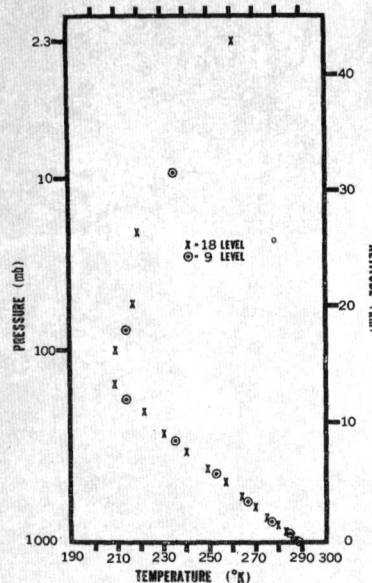

FIG. 31. Radiative convective equilibrium of the atmosphere from the 9- and 18-level models. See text for discussion.

2b is used for both of these computations. The coincidence between the two equilibrium solutions is reasonable.

REFERENCES

Berliand, M. E., and T. G. Berliand, 1952: Determination of the effective outgoing radiation of the earth, taking into account the effect of cloudiness. *Iv. Akad. Nauk SSSR, Ser. Geofiz.*, No. 1, 64–78.

Boltz, H., and G. Falkenberg, 1950: Neubestimmung der Konstanten der Angströmschen Strahlungsformel. *Z. Meteor.*, 7, 65–66.

Hergesell, M., 1919: Die Strahlung der Atmosphäre unter Zungrundlegung bon Lindeberger Temperatur: und Feuchtigkeits Messungen. *Die Arbeiten des Preusslichen Aeronautischen Observatoriums bei Lindenberg*, Vol. 13, Braunschweig, Germany, Firedr., Vieweg and Sohn, 1–24.

Herring, W. S., and T. R. Borden, Jr., 1965: Mean distributions of ozone density over North America, 1963–1964. Environmental Research Papers, No. 162., AFCRL-65-913, Air Force Cambridge Research Laboratories, Bedford, Mass., 19 pp.

Houghton, J. T., 1963: Absorption in the stratosphere by some water vapor lines in the v_3 band. *Quart. J. Roy. Meteor. Soc.*, 89, 332–338.

Howard, J. N., D. L. Burch and D. Williams, 1955: Near-infrared transmission through synthetic atmosphere. Geophysics Research Papers, No. 40, Air Force Cambridge Research Center, AFCRC-TR-55-213, 214 pp.

Kaplan, L. D., 1960: The influence of carbon dioxide variations on the atmospheric heat balance. *Tellus*, 12, 204–208.

Kondratiev, K. Y., and H. I. Niilisk, 1960: On the question of carbon dioxide heat radiation in the atmosphere. *Geofis. Pura Appl.*, 46, 216–230.

London, J., 1962: Mesospheric dynamics, Part III. Final Report, Contract No. AF19(604)-5492, Department of Meteorology and Oceanography, New York University, 99 pp.

Manabe, S., and F. Möller, 1961: On the radiative equilibrium and heat balance of the atmosphere. *Mon. Wea. Rev.*, 89, 503–532.

——, J. Smagorinsky and R. F. Strickler, 1965: Simulated climatology of general circulation with a hydrologic cycle. *Mon. Wea. Rev.*, 93, 769–798.

——, and R. F. Strickler, 1964: Thermal equilibrium of the atmosphere with a convective adjustment. *J. Atmos. Sci.*, 21, 361–385.

Mastenbrook, H. J., 1963: Frost-point hygrometer measurement in the stratosphere and the problem of moisture contamination. *Humidity and Moisture*, Vol. 2, New York, Reinhold Publishing Co., 480–485.

Möller, F., 1963: On the influence of changes in the CO_2 concentration in air on the radiation balance of the earth's surface and on the climate. *J. Geophys. Res.*, 68, 3877–3886.

Murgatroyd, R. J., 1960: Some recent measurements by aircraft of humidity up to 50,000 ft in the tropics and their relationship to meridional circulation: *Proc. Symp. Atmos. Ozone*, Oxford, 20–25 July 1959, IUGG Monogr. No. 3, Paris, p. 30.

National Academy of Science, Panel on Weather and Climate Modification, 1966: Weather and climate modification, problem and prospects. Vol II (Research and Development). Publication No. 1350, National Academy of Science—National Research Council, Washington, D. C., 198 pp.

Plass, G. N., 1956: The influence of the 15-micron carbon dioxide band on the atmospheric infrared cooling rate. *Quart. J. Roy. Meteor. Soc.*, 82, 310–324.

Telegadas, K., and J. London, 1954: A physical model of Northern Hemisphere troposphere for winter and summer. Scientific Report No. 1, Contract AF19(122)-165, Research Div. College of Engineering, New York University, 55 pp.

Walshaw, C. D., 1957: Integrated absorption by 9.6 μ band of ozone. *Quart. J. Roy. Meteor. Soc.*, 83, 315–321.

Yamamoto, G., and T. Sasamori, 1958: Calculation of the absorption of the 15 μ carbon dioxide band. *Sci. Rept. Tohoku Univ. Fifth Ser.*, 10, No. 2, 37–57.

Stochastic climate models

Part I. Theory

By K. HASSELMANN, *Max-Planck-Institut für Meteorologie, Hamburg, FRG*

(Manuscript received January 19; in final form April 5, 1976)

ABSTRACT

A stochastic model of climate variability is considered in which slow changes of climate are explained as the integral response to continuous random excitation by short period "weather" disturbances. The coupled ocean–atmosphere–cryosphere–land system is divided into a rapidly varying "weather" system (essentially the atmosphere) and a slowly responding "climate" system (the ocean, cryosphere, land vegetation, etc.). In the usual Statistical Dynamical Model (SDM) only the average transport effects of the rapidly varying weather components are parameterised in the climate system. The resultant prognostic equations are deterministic, and climate variability can normally arise only through variable external conditions. The essential feature of stochastic climate models is that the non-averaged "weather" components are also retained. They appear formally as random forcing terms. The climate system, acting as an integrator of this short-period excitation, exhibits the same random-walk response characteristics as large particles interacting with an ensemble of much smaller particles in the analogous Brownian motion problem. The model predicts "red" variance spectra, in qualitative agreement with observations. The evolution of the climate probability distribution is described by a Fokker-Planck equation, in which the effect of the random weather excitation is represented by diffusion terms. Without stabilising feedback, the model predicts a continuous increase in climate variability, in analogy with the continuous, unbounded dispersion of particles in Brownian motion (or in a homogeneous turbulent fluid). Stabilising feedback yields a statistically stationary climate probability distribution. Feedback also results in a finite degree of climate predictability, but for a stationary climate the predictability is limited to maximal skill parameters of order 0.5.

1. Introduction

A characteristic feature of climatic records is their pronounced variability. The spectral analysis of continuous climatic time series normally reveals a continuous variance distribution encompassing all resolvable frequencies, with higher variance levels at lower frequencies. Combining different data sources of various time scale and resolution (recorded meteorological data, varves, ice and sediment cores, global ice volume) the increase in spectral energy with decreasing frequency can be traced from the high frequency limit of climate variability (approximately 1 cycle per month, following the definitions adopted in GARP Publication 16, 1975) down to frequencies of order 1 cycle per 10^5 years (cf. GARP-US Committee Report (1975), Appendix A). An understanding of the origin of climatic variability, in the entire spectral range from extreme ice age changes to seasonal anomalies, is a primary goal of climate research. Yet despite the long interest in the ice-age problem and the more recent intensification of climate research there exists today no generally accepted, simple explanation for the observed structure of climate variance spectra.

Various attempts have been made to link climatic changes to variable external factors such as the solar activity, secular changes of the orbital parameters of the earth, or the increased turbidity of the atmosphere following volcanic eruptions (cf. reviews in GARP Publication 16). A persistent difficulty with these investigations is that the postulated input–response relationships, if they exist, are not sufficiently pronounced to be immediately obvious on inspection of the appropriate time series. Thus a detailed statistical analysis is necessary, for which the data base is often only marginally adequate. Summaries of solar-climate relations extracted by statistical techniques may be found in King (1975) and Wilcox (1975); a critical analysis of the statistical significance of some of the claimed correlations has been given by Monin & Vulis (1971).

Climate variations have also often been discussed in terms of internal atmosphere–ocean–cryosphere–land feed-back mechanisms. Positive feedback amplifies the response of the system to changes in the external parameters and, if sufficiently strong, can produce unstable spontaneous transitions from one climate state to another. Feedback mechanisms have generally been formulated in terms of highly simplified energy-budget models containing only a few "climate" variables, such as the zonally averaged surface temperatures, the area of the ice sheets and the albedo of the earth's surface. A basic difficulty of unstable feedback models (apart from— or possibly because of—their high degree of idealization) is that they tend to predict climatic variations as flip-flop transitions and therefore fail to reproduce the observed continuous spectrum of climatic variability.

In this paper an alternative model of climate variability is investigated which predicts the basic structure of climatic spectra without invoking internal instabilities or variable external boundary conditions. The variability of climate is attributed to internal random forcing by the short time scale "weather" components of the system. Slowly reponding components of the system, such as the ice sheets, oceans, or vegetation of the earth's surface, act as integrators of this random input much in the same way as heavy particles imbedded in an ensemble of much lighter particles integrate the forces exerted on them by the light particles. If feedback effects are ignored, the resultant "Brownian motion" of the slowly responding components yields r.m.s. climate variations—relative to a given initial state—which increase as the square root of time. In the frequency domain, the climate variance spectrum is proportional to the inverse frequency squared. The non-integrable singularity of the spectrum at zero frequency is consistent with the non-stationarity of the process. The spectral analysis for a finite-duration record yields a finite peak at zero frequency proportional in energy to the duration of the record.

In order to obtain a statistically stationary response, stabilising negative feedback processes must be invoked. Thus from the viewpoint of the present model, the problem of climate variability is not to discover positive feedback mechanisms which enhance the small variations of external inputs or produce instabilities, but rather to identify the negative feedback processes which must be present to balance the continual generation of climatic fluctuations by the random driving forces associated with the internal "weather" interactions.

Following the derivation of the random-walk characteristics of a stochastically driven climate system in Sections 2 and 3, the basic Fokker-Planck equation governing the evolution of such a system is presented in Section 4. Special solutions for a system with linear feedback are given in Section 5, and the results are then applied to the analysis of climate predictability in Section 6.

Some of the concepts underlying the present stochastic model have been expressed previously by Mitchell (1966) in his investigation of sea-surface temperature (SST) anomalies. An application of the present model to SST data and to temperature fluctuations in the seasonal thermocline is given in Part 2 of this paper (Frankignoul & Hasselmann, 1976). In Part 3, the effect of introducing stochastic forcing into simple statistical dynamical models of the Budyko-Sellers type is investigated (Lemke, 1976).

2. Relationship between GCM's, SDM's and stochastic forcing models

It is useful to introduce a formal notation which is independent of the individual model structure. Let the instantaneous state of the complete system atmosphere–ocean–cryosphere–land be described by a finite set of discrete variables $z = (z_1, z_2, ...)$. The state vector z may be taken to represent the fields of density, velocity, temperature, etc. of the various media, as defined at discrete grid points and levels, or as given by the coefficients of some suitably truncated functional expansion. The evolution of the system will then be described by a series of prognostic equations

$$\frac{dz_i}{dt} = w_i(z) \qquad (2.1)$$

where w_i is a known (in general complicated nonlinear) function of $\mathbf{z}$. For the following we ignore the parameterization problems associated with the projection of the complete system on to a finite set of parameters; we assume that for our purposes the prognostic eqs. (2.1) accurately describe the evolution of the system for all times of interest.

A basic assumption of most models is that the complete system $\mathbf{z}$ can be divided into two subsystems, $\mathbf{z} = (\mathbf{x}, \mathbf{y})$, which are characterised by strongly differing response times τ_x, τ_y. Thus writing eq. (2.1) in terms of the two subsystems,

$$\frac{dx_i}{dt} = u_i(\mathbf{x}, \mathbf{y}) \tag{2.2}$$

$$\frac{dy_i}{dt} = v_i(\mathbf{x}, \mathbf{y}) \tag{2.3}$$

it is assumed that

$$O\left(x_i \left(\frac{dx_i}{dt}\right)^{-1}\right) = \tau_x \ll \tau_y = O\left(y_i \left(\frac{dy_i}{dt}\right)^{-1}\right) \tag{2.4}$$

The fast responding components x_i may be identified with the normal prognostic "weather" variables used in deterministic numerical weather prediction or General Circulation Models (GCM's), whereas the slowly responding "climate" variables y_i may be associated with variables such as the sea surface temperature, ice coverage, land foliage, etc. which are normally set constant in weather prediction models but represent essential prognostic variables on climatic time scales. τ_x is typically of the order of a few days, whereas most climate variables have response scales τ_y of the order of several months, years or longer. Thus the inequality (2.4) is generally well satisfied.

With presently available computers it is not possible to integrate the complete coupled system (2.2)-(2.3) over periods of climatic time scale $O(\tau_y)$. High resolution GCM's are normally used to integrate the subset of equations (2.2) over an intermediate period τ_i in the range $\tau_x < \tau_i < \tau_y$ for which the "climatic" variables can be regarded as constant, but which is still sufficiently long to define the statistics of the weather variables $\mathbf{x}$ for a given climatic state $\mathbf{y}$. Thus although GCM's provide important information for climate studies, they are not suitable for the simulation of climate variability as such.

Dynamical investigations of climate variability have been based in the past largely on Statistical Dynamical Models (SDM's), which address the subset of eqs. (2.3). In the usual approach it is argued that for the time scales τ_y of interest in (2.3), the rapidly fluctuating terms in the prognostic equations can be ignored, so that (2.3) can be averaged over the period τ_i, thereby removing the weather fluctuations while still regarding $\mathbf{y}$ in the right hand side of (2.3) as constant,

$$\frac{dy_i}{dt} = \langle v_i(\mathbf{x}, \mathbf{y}) \rangle \tag{2.5}$$

Formally, it will be more convenient in the following to regard the average $\langle \ldots \rangle$ as an ensemble average over a set of realisations $\mathbf{x}$ for given $\mathbf{y}$. It is assumed that ergodicity holds, so that ensemble averaging and time averaging are equivalent.

Since v_i is in general a nonlinear function of $\mathbf{x}$, the average rate of change $\langle v_i \rangle$ of y_i will depend on the statistical properties of $\mathbf{x}$ as well as on $\mathbf{y}$. To close the problem, the statistics of $\mathbf{x}$ must therefore be expressed in terms of $\mathbf{y}$ through the introduction of some closure hypothesis. For example, in zonally averaged energy budget models of the Budyko (1969)-Sellers (1969) type the meridional heat fluxes by standing and transient eddies must be parameterised in terms of the mean meridional temperature distributions.

Although this class of model may be termed statistical in the sense that an averaging operation and a statistical closure hypothesis are involved, the reduced eq. (2.5) is in fact deterministic rather than statistical. It is known that the asymptotic solutions of nonlinear deterministic equations containing a relatively small number of degrees of freedom can already exhibit non-periodic, random-type oscillations similar in character to observed weather or climate fluctuations (cf. Lorenz, 1965). However, simple models with these features appear to have been investigated primarily in relation to weather simulation. Most of the better known simple SDM's predict a unique, time-independent asymptotic state for any given initial state. These models appear inherently incapable of generating internally time variable solutions with continuous variance spectra, as required by observation. In the past climate variability has therefore been explained in the framework of classical SDM's as the response of the system (2.5) to variations of external boundary conditions, such as the solar radiation and the turbidity of the atmosphere, rather than through internal interactions.

By a natural extension of the SDM, however, one can obtain an alternative climatic model which yields continuous variance spectra with the observed "red" distribution directly through internal interactions. (This, of course, does not exclude the possible significance of additional externally induced climatic changes). Returning to eq. (2.3), let $\delta \mathbf{y} = \mathbf{y}(t) - \mathbf{y}_0$ denote the change of the climate state relative to a given initial state $\mathbf{y}(t=0) = \mathbf{y}_0$ in a time $t < \tau_y$ sufficiently small that $\mathbf{y}$ can still be regarded as constant in the forcing term on the right hand side of the equation. The change may be divided into mean and fluctuating terms, $\delta \mathbf{y} = \langle \delta \mathbf{y} \rangle + \mathbf{y}'$ where the ensemble average is taken here over all $\mathbf{x}$ states for fixed $\mathbf{y}_0$ (not $\mathbf{y}$). The mean change $\langle \delta y \rangle$ follows from (2.5),

$$\langle \delta y_i \rangle = \langle v_i \rangle t \qquad (2.6)$$

(for this term it is irrelevant whether the average refers to fixed $\mathbf{y}$ or $\mathbf{y}_0$). The rate of change of the fluctuating term is given by

$$\frac{dy_i'}{dt} = v_i(\mathbf{x}, \mathbf{y}) - \langle v_i \rangle = v_i' \qquad (2.7)$$

where $\langle v_i' \rangle = 0$ and $y_i' = 0$ for $t = 0$.

The statistics of $v_i'(t)$ are defined through the statistics of the weather variables $\mathbf{x}(t)$ for given $\mathbf{y}_0$. It is assumed that $\mathbf{x}(t)$, and therefore $\mathbf{v}(t)$, represents a stationary random process.

Equation (2.7) is identical to the equations describing the diffusion of a fluid particle in a turbulent fluid, where y_i' represents the coordinate vector of the particle and v_i' the turbulent (Lagrangian) velocity. It is well known from this problem (Taylor, 1921, Hinze, 1959) that for statistically stationary v_i', the integration of (2.7) yields a non-stationary process y_i', the covariance matrix $\langle y_i' y_j' \rangle$ growing linearly in time t for $t \gg \tau_x$. Taylor pointed out in his original paper that this result could be interpreted physically as the continuum-mechanical analogy to normal molecular diffusion or to Brownian motion. In fact, for $t \gg \tau_x$ it is immaterial for the (macroscopic) statistical properties of y_i', involving time scales $\gg \tau_x$, whether the forcing is continuous or discontinuous.

The nonstationary response y_i' to stationary random forcing v_i' in the stochastic model implies that climate variations would continue to grow indefinitely if feedback effects were ignored. These, of course, will begin to become effective as soon as the integration is carried into the region $t = O(\tau_y)$. The properties of the random walk model in the ranges $t < \tau_y$ and $t = O(\tau_y)$ will be discussed in more detail in the following sections.

The relationship between GCM's, SDM's and stochastic forcing models may be conveniently summarized in terms of the Brownian motion analogy. The climate variables $\mathbf{y}$ and weather variables $\mathbf{x}$ may be interpreted in the analogous particle picture as the (position and momentum) coordinates of large and small particles, respectively. The analysis of climate variability in terms of SDM's is then equivalent to determining the large-particle paths by considering only the interactions between the large particles themselves and the *mean* pressure and stress fields set up by the small-particle motions (plus the influence of variable external forces). Numerical experiments with GCM's correspond in this picture to the explicit computation of all paths of the small particles for fixed positions of the large particles. Even if the large particles were allowed to vary during the computation, it would normally not be feasible to carry the integrations sufficiently far to consider appreciable deviations of the large particles from their initial positions. Finally, the approach used in the stochastic forcing model corresponds to the classical statistical treatment of the Brownian motion problem, in which the large-particle dispersion is inferred from the statistics of the small particles with which they interact. In contrast to the Brownian motion problem, the variables $\mathbf{x}$ in the real climate-weather system are, of course, not in thermodynamic equilibrium, so that the statistical properties of $\mathbf{x}$ cannot be inferred from the statistical thermodynamical theory of energetically closed systems, but must be evaluated from numerical simulations with GCM's (or from real data). A great reduction of computation is nevertheless achieved through a statistical treatment, since relatively little statistical information on $\mathbf{x}$ is actually needed, and this can be obtained from GCM experiments of relatively short duration $\tau_t < \tau_y$.

At first sight it may appear surprising that

a statistical reduction of the complete climate–weather system is possible at all without arbitrary closure hypotheses, since one is accustomed to regarding systems involving turbulent geophysical fluid flows as basically irreducible, strongly nonlinear processes. The reduction in this case is a consequence of the time-scale separation (2.4). This property is lacking in the usual turbulent system. However, the condition is familiar from "weak-turbulence" theories for plasmas (cf. Kadomtsev, 1965) or from similar theories of weakly interacting random wave fields in solid state physics, high energy physics and in various geophysical applications (cf. Hasselmann, 1966, 1967). In essence, the property (2.4) enables statistical closure through the application of the Central Limit Theorem, whereby the response of a system is completely determined statistically by the second moments of the input if the forcing consists of a superposition of a large number of small, statistically independent pulses of time scale short compared with the response time of the system.

3. The local dispersion rate

For times t in the intermediate range $\tau_x < t < \tau_y$ the integration of (2.7) yields linearly increasing covariances in accordance with Taylor's (1921) relation

$$\langle y_i' y_j' \rangle = 2D_{ij} t \qquad (3.1)$$

where

$$D_{ij} = \tfrac{1}{2} \int_{-\infty}^{\infty} P_{ij}(\tau)\, d\tau \qquad (3.2)$$

and $P_{ij}(\tau) = \langle v_i'(t+\tau) v_j'(t) \rangle$ denotes the covariance function.

Physically, the dispersion mechanism may be interpreted as the response to a large number of statistically independent random changes $\Delta y_i = v_i' \cdot \Delta t$ induced in y_i at time increments Δt of the order of the integral correlation time of v_i'.

It is useful to represent the dispersion process also in the Fourier domain. Writing

$$v_i'(t) = \int_{-\infty}^{\infty} V_i(\omega)\, e^{i\omega t}\, d\omega \qquad (3.3)$$

the solution of (2.7) may be expressed as the Fourier integral

$$y_i'(t) = \int_{-\infty}^{\infty} Y_i(\omega)\, e^{i\omega t} d\omega - \int_{-\infty}^{\infty} Y_i(\omega)\, d\omega \qquad (3.4)$$

where

$$Y_i(\omega) = \frac{V_i(\omega)}{i\omega} \qquad (3.5)$$

The second, time independent term on the right hand side of (3.4) arises through the initial condition $y_i' = 0$ for $t = 0$.

For a stationary process, the Fourier components are statistically orthogonal,

$$\langle V_i(\omega) V_j^*(\omega') \rangle = \delta(\omega - \omega')\, F_{ij}(\omega)$$

where $F_{ij}(\omega)$ denotes the (two-sided) cross spectrum of v_i. The Fourier components $Y_i(\omega)$ are then also statistically orthogonal, and the cross spectrum of $y_i'(t)$ is given by

$$G_{ij}(\omega) = \frac{F_{ij}(\omega)}{\omega^2} \qquad (\omega \neq 0) \qquad (3.6)$$

The existence of a non-integrable singularity in G_{ij} at $\omega = 0$ is consistent with the non-stationarity of y_i'. The fact that the non-stationary contribution to y_i' is concentrated at zero frequency can be confirmed by evaluating the contribution to the covariance from a narrow band of frequencies $-\Delta\omega < \omega < \Delta\omega$ centered at zero frequency. Noting that the second integral in (3.4) represents a zero-frequency contribution, this is given by

$$\langle y_i' y_j' \rangle_{\Delta\omega} = \int_{-\infty}^{\infty} F_{ij}(\omega) \frac{2(1-\cos\omega t)}{\omega^2} d\omega \qquad (3.7)$$

The weighting function $2(1-\cos\omega t)/\omega^2$ has a maximum value equal to t^2 at $\omega = 0$ and a peak width proportional to $1/t$. Thus its integral is proportional to t, and in the limit of large t, as the peak becomes infinitely sharp, the function can be replaced by the δ-function expression

$$\frac{2(1-\cos\omega t)}{\omega^2} \approx 2\pi t \delta(\omega) \qquad (\omega t \gg 1) \qquad (3.8)$$

For large t (3.7) therefore becomes

$$\langle y_i' y_j' \rangle = 2\pi t F_{ij}(0) \qquad (3.9)$$

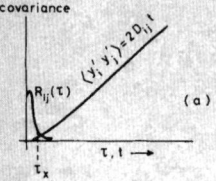
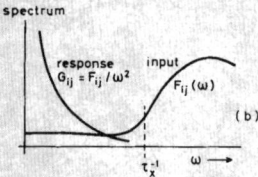

Fig. 1. Input and response functions of stochastically forced climate model without feed-back; (a) covariances, (b) spectra.

The subscript $\Delta\omega$ has now been dropped, since the contribution to $\langle y_i' y_j' \rangle$ from frequencies $|\omega| > \Delta\omega$ is constant and therefore becomes negligible compared with the nonstationary contribution for large t.

Equation (3.9) represents a special case of the resonant response of an undamped linear system to random external forcing. The general result for such systems states that the energy of the response is concentrated in spectral lines at the eigenfrequencies of the system, and that the energy of each line increases linearly with time at a rate proportional to the spectral density of the input at the eigenfrequency (cf. Hasselmann, 1967). Equation (3.9) corresponds to the case of a system with a single normal mode of frequency $\omega = 0$.

The equivalence of the expressions (3.1), (3.2) and (3.9) can be recognised using the Fourier transform relation

$$F_{ij}(\omega) = \frac{1}{2\pi} \int_{-\infty}^{\infty} P_{ij}(\tau) e^{-i\omega\tau} d\tau \qquad (3.10)$$

It follows from (3.10) that normally, for $F_{ij}(0) \neq 0$, the spectrum of any stationary process v_i becomes white (constant) for sufficiently small frequencies (in other words, one need consider only the first term in the Taylor expansion of the spectrum). Generally, there exists some cut-off time lag $O(\tau_x)$ such that $P_{ij}(\tau) \approx 0$ for $\tau > \tau_x$. For frequencies $\omega < \tau_x^{-1}$, the exponential in (3.10) can then be set equal to one, so that $F_{ij}(\omega) \approx F_{ij}(0)$. In this range equation (3.6) may then be replaced by

$$G_{ij}(\omega) = \frac{F_{ij}(0)}{\omega^2} \qquad (\tau_y^{-1} \ll \omega \ll \tau_x^{-1}) \qquad (3.11)$$

The left side of the inequality follows from the restriction to integration times $t < \tau_y$, which limits the definition of the spectrum to frequencies large compared with τ_y^{-1}.

The main features of the random walk response in the time and frequency domain are indicated in Fig. 1.

In most climate applications the response will lie in the low frequency range $\omega < \tau_x^{-1}$ where the input spectrum can be regarded as white and equation (3.11) is applicable. For the generalization of the theory in the next section it is important to note that the constant level of the input spectrum at low frequencies can be determined from relatively short time series of the input, the record length required being governed by the time scale of the input, rather than the time scale of the response. The length of the time series need only be long enough to evaluate the covariance function for time lags up to the cut-off time lag of order τ_x. For example, in the problem of the generation of SST anomalies by random fluxes at the sea surface (considered in Part 2 of this paper), the statistical structure of the atmospheric input can normally be adequately determined from time series of a few weeks duration (ignoring the seasonal signal). From this the statistical properties of the random walk response according to (3.1), (3.2), and (3.11) can be evaluated for much longer time periods, of the order of several months. The upper limit $t = O(\tau_y)$ of the response time is determined ultimately by the breakdown of the uncoupled random walk model when internal feedback effects begin to come into play.

The dispersion coefficients D_{ij} can be inferred indirectly, without reference to weather data, from the rate of growth of the covariances $\langle y_i' y_j' \rangle$ as evaluated from climatic time series. Alternatively, if the stochastic forcing is known as a function of the weather variables, the zero frequency level of the spectral input can be determined directly from weather data. By either method, application of the random walk model, for example, to ice sheet data or SST anomalies indicates that the r.m.s. rate of divergence of climate from its present state by random weather forcing is considerable: without stabilising feedback the random walk model predicts that changes in the extent of the ice cover comparable with ice-age amplitudes would occur within time periods of the order of a century. The inclusion of feedback is thus essential for a realistic climate model. The generalisation to a model including arbitrary internal coupling is carried out in the next section.

4. The Fokker-Planck equation for a general stochastic climate model

The inequalities $\tau_x < t < \tau_y$ limiting the range of validity of the random walk model without feedback are characteristic of a two-timing theory. With respect to the rapidly varying components of the system the theory represents an asymptotic infinite-time limit, but at the same time the analysis is valid only for infinitesimal changes of the slowly varying components. The standard way of removing the restriction $t < \tau_y$ is to interpret the infinitesimal changes of the slowly varying components as *rates of change*, thereby obtaining a differential equation which is valid for all times, provided the original conditions on which the local theory was based continue to remain valid.

Since y represents a random variable, the appropriate differential equation should be formulated for the probability density distribution $p(\mathbf{y}, t)$ of climatic states in the climatic phase space y. For a system in which the mean value and covariance tensor of the infinitesimal changes $\delta y_i = y_i(t) - y_{i,0}$ in an infinitesimal time interval $\delta t < \tau_y$ are both proportional to δt (the effects of the higher moments can be shown to be small on account of the two-timing condition (2.4)) the evolution of the probability distribution $p(\mathbf{y}, t)$ is governed by a Fokker-Planck equation (cf. Wang and Uhlenbek 1945)

$$\frac{\partial p}{\partial t} + \frac{\partial}{\partial y_i}(\hat{v}_i p) - \frac{\partial}{\partial y_i}\left(D_{ij}\frac{\partial p}{\partial y_j}\right) = 0 \qquad (4.1)$$

where

$$D_{ij} = \frac{\langle y_i' y_j' \rangle}{2\delta t} = \pi F_{ij}(0) \qquad (4.2)$$

with $y_i' = \delta y_i - \langle \delta y_i \rangle$ as before,

and $\hat{v}_i = \langle \delta y_i \rangle / \delta t - \partial D_{ij}/\partial y_j$ or, from (2.6) and (3.1), (3.9)

$$\hat{v}_i = \langle v_i \rangle - \pi \frac{\partial}{\partial y_j} F_{ij}(0) \qquad (4.3)$$

Provided the two-scale approximation remains valid, eq. (4.1) describes the evolution of an ensemble of climatic states with an arbitrary initial distribution for arbitrary large times. The propagation and diffusion coefficients $\hat{v}_i$, D_{ij} will generally be functions of y, both directly and through their dependence on the statistical properties of the weather variables x. The equation includes both direct internal coupling through the propagation term $\hat{v}_i$ and indirect feedback through the dependence of the diffusion coefficients on the climatic state.

In practice, the expectation values and spectra in (4.2) and (4.3), defined as averages over an x-ensemble for fixed y, will normally be determined from time averages, rather than through ensemble averaging. In order that the average values can be regarded as local with respect to the climatic time scale τ_y but still remain adequately defined statistically with respect to the weather variability of time scale τ_x, the averaging time T must satisfy the two-sided inequality $\tau_x < T < \tau_y$. The inequalities imply that the spectral density $F_{ij}(0)$ at "zero frequency" in eqs. (4.2), (4.3) must be interpreted more accurately as the level of the spectrum in the frequency range $\tau_y^{-1} < \omega < \tau_x^{-1}$—as was already pointed out in connection with eq. (3.11). The variance spectra of v_i for lower frequencies $\omega = O(\tau_y^{-1})$ must be attributed, within the framework of the two-timing theory, to the slow variations of the *mean* variables $\langle v_i \rangle$ on the climatic time scale. Since $\langle v_i \rangle$ depends on the local climatic state, the increase of the variance spectra of the climatic variables y_i towards lower frequencies will normally be associated with a corresponding increase of the variance spectra of v_i (and the "weather" variables x_i) in this range. This is not in conflict with the basic premise of a white input spectrum at "low" frequencies. Essential for the application of the two-timing concept is that there exists a spectral gap between the "weather" and "climate" frequency ranges in which the input spectra are flat (cf. Fig. 2).

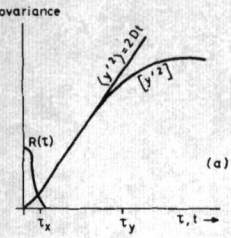

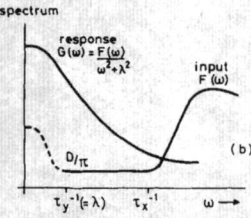

Fig. 2. Input and response of stochastically forced (single component) climate model with linear feedback; (a) covariances, (b) spectra. In the ranges $\tau_x \ll \tau \ll \tau_y$ and $\tau_y^{-1} \ll \omega \ll \tau_x^{-1}$ the models with and without feedback are identical. In the range $\omega \lesssim \tau_y^{-1}$ the spectrum $F(\omega)$ cannot be regarded as part of the "weather input", but is coupled to the climate response.

The presence of the diffusion terms in (4.1) implies that climate evolution is necessarily a statistical rather than a deterministic phenomenon. Even if a well defined climate state is prescribed initially in the form of a δ-function distribution for p, the diffusion term immediately leads to a finite spread of the probability distribution p at later times. Without the diffusion term, an initial δ-function distribution would retain its δ-function character and simply propagate along the characteristics $dy_i/dt = \hat{v}_i$ in the climatic phase space.

The analytical integration of eq. (4.1) for an arbitrary nonlinear climate model with several degrees of freedom will normally not be possible. However, solutions can be constructed, for example, by the Monte Carlo method, in which eq. (2.5) and (2.7) are integrated numerically (without the restriction $t \ll \tau_y$) for an ensemble of realisations using an appropriate statistical simulation of v_i'. Within the approximations of the two-timing theory, v_i' can be represented very simply as a zero'th order Markov process.

For the special case of linear feedback and constant diffusion coefficients, equation (4.1) can be solved explicitly. These solutions are appropriate for climatic systems with small excursions. However, several properties of the linear case discussed in the following two sections may also be expected to apply qualitatively to more general climate models.

Although eq. (4.1) describes the evolution of $p(\mathbf{y}, t)$ in closed form (given the x-statistics for given $\mathbf{y}$), the probability distribution $p(\mathbf{y}, t)$ provides only a partial statistical description of the random process $y(t)$. A complete statistical description would require, for example, the set of joint probability distributions $p(\mathbf{y}_1, ..., \mathbf{y}_p)$ of the climate states for any set of times $t_1, ..., t_p$, or the set of all moments $\langle y_1 ... y_p \rangle$ for all $p > 0$. Generalised Fokker-Planck equations similar to (4.1) can be derived also for multi-time probability distributions, but these will normally be of less immediate interest. In practice, Monte Carlo methods of solving (4.1) actually generate the complete statistics of the process $\mathbf{y}$, as well as yielding $p(\mathbf{y}, t)$, so that the generalised Fokker-Planck equations need not be considered explicitly.

5. Linear feed-back models

(a) *Solution of the Fokker-Planck equation*

For small excursions of the climatic states about an equilibrium state $\mathbf{y} = 0$, say, the diffusion and velocity coefficients in (4.1) can be expanded with respect to $\mathbf{y}$. Since the feedback terms must vanish for the equilibrium state, the coefficients are given to lowest order by

$$D_{ij} = \text{const} \tag{5.1}$$

$$\hat{v}_i = V_{ij} y_j, \quad V_{ij} = \text{const} \tag{5.2}$$

For a stable equilibrium state, the matrix V_{ij} must be negative definite.

The general solution of (4.1) for an arbitrarily prescribed initial distribution $p(\mathbf{y}, t = 0) = p_0(\mathbf{y})$ may be constructed by superposition from the Green-function solution for an initial δ-function distribution $p_0(\mathbf{y}) = \delta(y_1 - y_{10}) ... \delta(y_n - y_{n0})$ at an arbitrary point $\mathbf{y}_0$. This is given by the normal distribution

$$p(\mathbf{y}, t) = (2\pi)^{-n/2} |R|^{-1/2}$$
$$\times \exp\left(-\frac{R_{ij}^{-1}}{2}(y_i - [y_i])(y_j - [y_j])\right) \quad (5.3)$$

where the mean $[y_i]$ and covariance tensor $R_{ij} = [(y_i - [y_i]) \cdot (y_j - [y_j])]$ are time dependent functions satisfying the differential equations and initial conditions

$$\frac{d[y_i]}{dt} = V_{ik}[y_k], \quad [y_i] = y_{i0} \text{ for } t = 0 \quad (5.4)$$

$$\frac{dR_{ij}}{dt} = 2D_{ij} + R_{ik}V_{jk} + R_{kj}V_{ik}, \quad R_{ij} = 0 \text{ for } t = 0$$
$$(5.5)$$

The square parentheses [ ] denote averages over the ensemble of climatic states $\mathbf{y}$. Equations (5.4), (5.5) can be verified by substitution of (5.3) in (4.1) or can be derived directly from (2.5), (4.1), (4.2) and (4.3). In matrix notation, the solutions may be written

$$[\mathbf{y}] = e^{Vt} \mathbf{y}_0 \quad (5.6)$$

$$R = R_\infty - e^{Vt} R_\infty e^{V^+ t} \quad (5.7)$$

where V^+ denotes the transpose of V and R_∞ is the asymptotic stationary solution of (5.5),

$$2D_{ij} + (R_\infty)_{ik} V_{jk} + (R_\infty)_{kj} V_{ik} = 0 \quad (5.8)$$

R_∞ and the corresponding asymptotic equilibrium distribution p_∞ (with $[\mathbf{y}]_\infty = 0$) are independent of the initial state $\mathbf{y}_0$.

The expressions become particularly simple if the matrix V is diagonal, $V_{ij} = \delta_{ij} \lambda_{(i)}$ (parentheses around the index indicate that the index is excluded from the summation convention). Normally, this can be achieved by a suitable linear transformation of $\mathbf{y}$ to new coordinates. Equations (5.6), (5.7) then become

$$[y_i] = y_{i0} \exp(\lambda_{(i)} t) \quad (5.9)$$

$$R_{ij} = (R_\infty)_{ij}[1 - \exp(\lambda_{(i)} + \lambda_{(j)})t] \quad (5.10)$$

$$(R_\infty)_{ij} = -\frac{2D_{ij}}{\lambda_{(i)} + \lambda_{(j)}} \quad (5.11)$$

(b) *Spectral decomposition of the variance*

The Gaussian form (5.3) of the probability distribution $p(\mathbf{y}, t)$ could have been inferred directly from the Central Limit Theorem, without invoking the Fokker-Planck equation. The theorem states that, under very general conditions, the response of a linear system driven by a statistically stationary input consisting of a continuous sequence of infinitely short, statistically independent pulses is Gaussian, independent of the detailed statistical structure of the input. This property holds not only for the probability distribution p, but generally for the multi-time joint probability distribution. Thus the statistical structure of the process $\mathbf{y}$ is completely specified if the first moments (given by (5.6)) and the second moments

$$\hat{S}_{ij}(t + \tau) = [(y_i(t + \tau) - [y_i(t + \tau)]) \cdot (y_j(t) - [y_j(t)])] \quad (5.12)$$

are known.

The latter are given by the solution

$$\hat{S}(t, \tau) = e^{V\tau} R(t) \quad (\tau > 0) \quad (5.13)$$

of the differential equation

$$\frac{\partial \hat{S}_{ij}(t, \tau)}{\partial \tau} = V_{ik} \hat{S}_{kj} \quad (\tau > 0) \quad (5.14)$$

under the initial condition $\hat{S}_{ij}(t, \tau = 0) = R_{ij}(t)$, with $R_{ij}(t)$ given by (5.7). Equation (5.14) follows from (2.5), (2.7) and (5.2), noting that in the two-timing limit $v_i'(t + \tau) = (v_i(t + \tau) - \langle v_i(t + \tau)\rangle)$ and $y_j(t)$ are statistically uncorrelated for $\tau > 0$, since the correlation time scale of the random forcing is regarded as infinitely short compared with the correlation time scale of the response. This argument does not hold for $\tau < 0$, since $y_j(t)$ in this case includes the response to v_i' at the earlier time $t + \tau$. However, the solution for $\tau < 0$ can be obtained from (5.13) by interchanging the indices and redefining the time variables.

Of particular interest is the asymptotic stationary solution

$$S(\tau) = \lim_{t \to \infty} S(t, \tau) = e^{V\tau} R_\infty \quad (5.15)$$

which can be compared with the statistical properties of observed, quasi-stationary climatic time series. If the second moments of the input (i.e. D_{ij}) are specified, it is known from linear systems analysis that $S(\tau)$ completely determines the linear response characteristics (transfer functions) of the system.

The relation corresponding to (5.15) for the climate cross spectrum G_{ij} can best be derived by direct substitution of the Fourier integral representation (3.3) in the basic climate equation

$$\frac{dy_i}{dt} = V_{ij} y_j + v'_i$$

One obtains

$$G_{ij}(\omega) = T_{ik} T^*_{jl} F_{kl}(0) \qquad (5.16)$$

where $T = (i\omega I - V)^{-1}$ ($I = $ unit matrix). For diagonal V, eq. (5.16) becomes

$$G_{ij}(\omega) = \frac{F_{ij}(0)}{(\omega - i\lambda_{(i)})(\omega + i\lambda_{(j)})} \qquad (5.17)$$

Equations (5.15), (5.16) may be compared with the corresponding relations (3.1), (3.11) for a system without feedback. The deviation covariance $\langle y'_i y'_j \rangle$ considered in section 3 should be compared in the case of a stationary y-process with the expression $[y'_i y'_j] = [(y_i - y_{i,0})(y_j - y_{j,0})]$ (also known as the "structure function", cf. Tatarski (1961)). This can be expressed in terms of the covariance function as

$$[y'_i y'_j] = (S_{ij}(0) - S_{ij}(\tau)) + (S_{ji}(0) - S_{ji}(\tau)) \qquad (5.18)$$

The general form of the functions G_{ij}, $\langle y'_i y'_j \rangle$ and $[y'_i y'_j]$ for a system with and without linear feedback is shown in Fig. 2. For $\tau_x < \tau < \tau_y$ and $\tau_y^{-1} < \omega < \tau_x^{-1}$ the behaviour of both systems is identical, but for $\tau \sim O(\tau_y)$ and $\omega = O(\tau_y^{-1})$ the unbounded response of the system without feedback begins to diverge from the bounded response functions of the linearly stabilised system.

6. Climate predictability

The evolution of the probability distribution $p(\mathbf{y}, t)$ as governed by the Fokker-Planck equation (4.1) determines the degree of climate predictability. If the climate state $\mathbf{y}_0$ at time $t = 0$ is known, the initial probability distribution p_0 is a δ-function. For a fully predictable system, $p(\mathbf{y}, t)$ remains a δ-function for all times $t > 0$. As pointed out in Section 4, however, the diffusive term in (4.1) results in a broadening of the probability distribution for $t > 0$, and climate prediction therefore always entails some degree of statistical uncertainty.

A simple quantitative measure of the predictive skill can be defined in terms of the mean climatic state $[y_i]$ and the covariance matrix $R_{ij} = [(y_i - [y_i]) \cdot (y_j - [y_j])]$. The mean may be regarded as the climate "prediction". (In the case of a linear system, this is identical with the most probable climatic state, but in general the most probable state and the mean state will differ.) In order to introduce a measure of skill as a simple number, the distance δ_1 of the predicted climate state from the initial state and the r.m.s. deviation ε from the mean must be defined in terms of some suitable positive definite matrix M_{ij},

$$\delta_1 = \{M_{ij}([y_i] - y_{i,0})([y]_j - y_{j,0})\}^{\frac{1}{2}} \qquad (6.1)$$

$$\varepsilon = \{M_{ij} R_{ij}\}^{\frac{1}{2}} \qquad (6.2)$$

The usual definition of the skill parameter is then given by the ratio "signal to signal-plus-noise",

$$s_1 = \frac{\delta_1}{(\varepsilon_1^2 + \delta_1^2)^{1/2}} \qquad (6.3)$$

For small times $t < \tau_y$, the predicted change δ_1 increases linearly with time

$$\delta_1 \approx (M_{ij} v_{i,0} v_{j,0})^{\frac{1}{2}} t \qquad (6.4)$$

whereas the r.m.s. error grows as $t^{\frac{1}{2}}$,

$$\varepsilon \approx (2 D_{ij} M_{ij})^{\frac{1}{2}} t^{\frac{1}{2}} \qquad (6.5)$$

Thus initially the skill parameter $s_1 \sim t^{\frac{1}{2}}$; the random deviations from the initial state induced by the stochastic forcing dominate over the deterministic changes produced by the internal coupling within the climatic system, and the predictive skill is small.

For very large t, δ_1 and ε will normally approach the limiting values

$$\delta_{1\infty} = \{M_{ij}([y_i]_\infty - y_{i,0})([y_j]_\infty - y_{j,0})\}^{\frac{1}{2}}$$

$$\varepsilon_\infty = (M_{ij}(R_\infty)_{ij})^{\frac{1}{2}}$$

appropriate to the stationary equilibrium distribution $p_\infty(\mathbf{y})$—assuming such a distribution

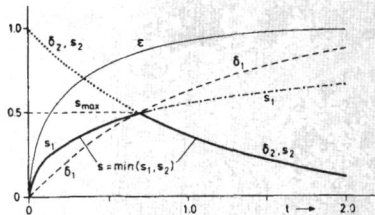

Fig. 3. Predicted climate changes δ_1 relative to initial state and δ_2 relative to asymptotic state, statistical error ε, and skill parameters s_1, s_2 and $s = \min(s_1, s_2)$, for a linear (single component) climate system. The initial value is chosen as $y_0 = (R_\infty)^{\frac{1}{2}} = 1$ (in this case s_2 and δ_2 happen to coincide).

exists—and the skill parameter s_1 will become constant.

The predicted climatic state for large t is simply the stationary climatic mean state $[y]_\infty$. This prediction may be regarded as trivial in the same way as the prediction through persistence for small t is trivial. Since the contribution from straight persistence was subtracted in the definition of s_1, it apears more appropriate to introduce an alternative skill parameter

$$s_2 = \delta_2/(\varepsilon^2 + \delta_2^2)^{1/2} \qquad (6.6)$$

for large t, where

$$\delta_2 = \{M_{ij}([y_i] - [y_i]_\infty)([y_j] - [y_j]_\infty)\}^{\frac{1}{2}} \qquad (6.7)$$

is the deviation of the predicted climatic state from the stationary climatic mean. The net skill parameter may then be defined as $s = \min(s_1, s_2)$.

The behaviour of $s(t)$ in the intermediate range $t = O(\tau_y)$ between the limiting regions in which either s_1 or s_2 is very small depends in detail on the structure of the climate model. The general properties of $s(t)$ to be expected in this range may be inferred, however, from the solution for a linear system, cf. Fig. 3. Provided the initial deviation from the stationary climatic mean is of the same order as the variability of the stationary asymptotic distribution (for each degree of freedom separately), the maximal value of the net skill parameter generally lies in the neighbourhood of 0.5. This is due to the fact that the relaxation times for δ_1 and ε are of the same magnitude, since both are governed by the same internal feedback processes. Thus both δ_1 and ε increase at approximately the same rate (after the initial period $t < \tau_y$), and the non-trivial (i.e. non-persistent) component of the prediction and the statistical error always remain of comparable magnitude.

These results may be expected to carry over, at least qualitatively, to nonlinear systems, provided there exists a unique stationary equilibrium distribution—i.e. provided the system is transitive in Lorenz' (1968) sense. In fact, the basic properties of the skill parameters s_1, s_2 outlined above are largely independent of the detailed dynamics of the climate system and follow simply from the fact that the evolution of the system corresponds to a first-order Markov process. The prediction problem becomes more complex in the case of intransitive systems, in which more than one stationary distribution may exist (for example, for dynamically disconnected regions of the climate phase space) or for nearly intransitive systems, characterised by two or more quasi-stationary, weakly interacting distributions. However, the discussion of these more complex cases must necessarily remain rather academic without reference to a specific climate model and will not be pursued further here.

7. Conclusions

The principal features of the stochastic climate model discussed in this paper may be summarised as follows:

(1) The time scales of the "weather system" and "climate system" are well separated.

(2) As a consequence of the time-scale separation, the response of the climate system to the random forcing by the weather components can be described as a continuous random walk or diffusion process (first-order Markov process). The response can be completely characterised by a diffusion tensor, which is proportional to the constant spectral density of the random forcing at low frequencies.

(3) The evolution of the climate system is described by a Fokker-Planck equation for the climate probability distribution; the propagation and diffusion coefficients of the equation depend on the instantaneous climate state, both directly and via the weather statistics.

(4) Without stabilising internal feedback

mechanisms, climate variability would grow indefinitely.

(5) Despite the stochastic nature of climate variability, the internal feedback terms in climate models imply a finite degree of predictability. However, the maximal predicitive skill for a statistically stationary climate system is generally no larger than 0.5 and is always significantly less than unity.

The discussion in this part of the paper has been restricted to the general structure of stochastic models, without reference to a specific model. It should be pointed out, however, that the extension of a typical SDM of, say, the Budyko-Sellers type to a stochastic model requires no basic modification of the internal structure of the model, but simply the addition of random driving terms. The relevant statistical properties of the stochastic forcing functions can be obtained directly from numerical experiments with GCM's or from meteorological data. Thus some of the general properties of stochastic climate models described in this paper can be tested rather easily by comparing observed climatic variability with theoretical predictions obtained with existing SDM's after incorporation of appropriate stochastic forcing terms (Lemke, 1976).

REFERENCES

Budyko, M. I. 1969. The effect of solar radiation variations on the climate of the earth. *Tellus 21*, 611–619.

Frankignoul, C. & Hasselmann, K. 1976. Stochastic climate models. Part 2, Application to sea-surface temperature anomalies and thermocline variability (in preparation).

GARP US Committee Report, 1975. Understanding climate change. A programme for action. Nat. Acad. Sciences, Wash.

GARP Publication 16, 1975. The physical basis of climate and climate modelling. World Met. Organiz., Internat. Council Scient. Unions.

Hasselmann, K. 1966. Feynman diagrams and interaction rules of wave–wave scattering processes. *Rev. Geophys. 4*, 1–32.

Hasselmann, K. 1967. Non-linear interactions treated by the methods of theoretical physics (with application to the generation of waves by wind). *Proc. Roy. Soc. A 299*, 77–100.

Hinze, J. O. 1959. *Turbulence*. McGraw-Hill.

Kadomtsev, B. B. 1965. *Plasma turbulence*. Academic Press.

King, J. W. 1975. Sun–weather-relationships. *Aeronautics and Astronautics 13*, 10–19.

Lemke, P. 1976. Stochastic climate models. Part 3, Application to zonally averaged energy models (in preparation).

Lorenz, E. N. 1965. A study of the predictability of a 28-variable atmospheric model. *Tellus 17*, 321–333.

Lorenz, E. N. 1968. Climate determinism. *Meteor. Monographs 8*, 1–3.

Mitchell, J. M., Jr. 1966. Stochastic models of air-sea interaction and climatic fluctuation. (Symp. on the Arctic Heat Budget and Atmospheric Circulation, Lake Arrowhead, Calif., 1966.) Mem. RM-5233-NSF, The Rand Corp., Santa Monica.

Monin, A. S. & Vulis, I. L. 1971. On the spectra of long-period oscillations of geophysical parameters. *Tellus 23*, 337–345.

Sellers, W. D. 1969. A global climate model based on the energy balance of the earth-atmosphere system. *J. Appl. Met. 8*, 392–400.

Tatarski, V. I. 1961. *Wave propagation in a turbulent medium*. McGraw-Hill.

Taylor, G. I. 1921. Diffusion by continuous movements. *Proc. Lond. Math. Soc. 20*, 196.

Wang, M. C. & Uhlenbek, G. E. 1945. On the theory of the Brownian motion. *Rev. Mod. Phys. 17*, 323–342.

Wilcox, J. M. 1975. Solar activity and the weather. *J. Atmosph. Terrestr. Phys. 37*, 237–256.

СТОХАСТИЧЕСКИЕ МОДЕЛИ КЛИМАТА

Рассматривается стохастическая модель изменчивости климата, в которой медленные изменения климата объясняются как интегральная реакция на непрерывное случайное возбуждение короткопериодными «погодными» возмущениями. Взаимодействующая система океан–атмосфера–криосфера–суша разделяется на быстро изменяющуюся «погодную» систему (атмосфера) и на медленно откликающуюся «климатическую» систему (океан, криосфера, растительность суши и т. д.). В обычной статистически-динамической модели (СДМ) только средние эффекты переноса быстро меняющихся погодных компонент параметризуются в климатической системе. Результирующие прогностические уравнения детерминистичны и климатические вариации обычно могут возникать только при изменении внешних условий. Существенной особенностью стохастических климатических моделей является то, что неосредненные «погодные» компоненты также сохраняются. Формально они появляются как случайные вынуждающие силы. Климатическая система, действующая как интегратор этого короткопериодного возбуждения, проявляет те же самые характеристики реакции случайного блуждания, как крупные частицы, взаимодействующие с ансамблем гораздо более мелких частиц в аналогичной задаче броуновского движения. Модель предсказывает «красные» спектры изменений параметров в качественном согласии с наблюдениями. Эволюция распределения вероятностей климата описывается уравнением Фоккера–Планка, в котором эффект случайного погодного возбуждения описывается диффузионными членами. Без стабилизирующей обратной связи модель предсказывает непрерывное увеличение изменчивости климата по аналогии с непрерывной неограниченной дисперсией частиц при броуновском движении (или в однородном турбулентном потоке). Стабилизирующая обратная связь дает статистически стационарное распределение вероятностей климата. Обратная связь проявляется также в конечной степени предсказуемости климата, но предсказуемость ограничивается максимальной величиной параметра умения предсказывать порядка 0,5.

위대한 논문과의 만남을 마무리하며

이 책은 지구과학 연구자 최초로 노벨 물리학상을 받은 두 사람의 연구를 다룬다. 지구과학 최초의 노벨상은 기후와 지구온난화를 물리학적으로 해석한 마나베와 하셀만에게 주어졌다. 지구과학은 더 이상 정성적 서술에 머물 수 없었다. 이제는 수식과 모델, 데이터와 확률로 설명되는 정량적 과학의 영역이 된 것이다.

두 과학자의 연구를 이해하기 위해 이 책에서 지구과학의 오랜 역사를 살펴보았다. 지질학의 역사, 지구의 내부 구조를 발견한 역사, 기상학 역사, 대기압의 발견과 하워드의 구름 연구, 지구를 에워싸는 거대한 대기권 연구, 일기예보의 역사와 보퍼트의 바람 연구, 태풍의 연구 역사 등을 다루었다. 마지막으로 온실 기체의 발견 역사를 다루었고, 이를 물리학적으로 다루어 기후물리학을 만든 마나베와 하셀만의 이론으로 책을 마무리했다.

이 책은 기후를 둘러싼 물리학적 언어에 익숙하지 않더라도 기후가 왜 변하고, 어떻게 예측되고, 그 예측은 어떻게 과학이 되었는가를 알고 싶은 모든 독자를 위한 책이다. 하셀만과 마나베의 이름은 이제 단순한 과학자가 아니라, 지구의 미래를 설명할 수 있게 해준 수학자이자 예언자로 기억될 것이다.

이 책의 출판 기획상 수식을 피할 수 없을 때는 고등학교 수학 정도를 아는 사람이라면 이해할 수 있도록 처음 쓴 원고를 고치고 또 고치는 작업을 반복했다. 그렇게 하여 수식을 줄여보려고 했다. 하지만 수식을 좋아하는 사람들이 쉽게 따라갈 수 있도록 친절하게 다루어 보았다.

이 책을 쓰기 위해 20세기의 많은 논문을 뒤적거렸다. 지금과는 완연히 다른 용어들과 기호들 때문에 많이 힘들었다. 특히 번역이 안 되어 있는 자료들이 많지만, 프랑스 논문에 대해서는 불문과를 졸업한 아내의 도움으로 조금은 이해할 수 있게 되었다.

이 책을 끝내자마자 다시 양자 정보에 대한 오리지널 논문을 공부하며, 시리즈를 계속 이어나갈 생각을 하니 즐거움이 앞선다. 저자가 가진 이 즐거움을 일반인들이 공유할 수 있기를 바라며, 이제 힘들었지만 재미있었던 기후물리에 관한 논문들과의 씨름을 여기서 멈추려고 한다.

진주에서 정완상 교수

이 책을 위해 참고한 논문들

1장

[1] Abraham Gottlob Werner, Von den äusserlichen Kennzeichen der Fossilien(라이프치히, 1774); Mme. Guyton de Morveau의 프랑스어 번역, 파리, 1790년; 영어 번역, Treatise on the External Characters of Fossils, 위버, 더블린, 1805년.

2장

[1] Wegener, Alfred(1915), Die Entstehung der Kontinente und Ozeane [The Origin of Continents and Oceans], Braunschweig: Friedrich Vieweg & Sohn Akt. Ges.

[2] John Michell, Conjectures Concerning the Cause and Observations upon the Phaenomena of Earthquakes, Philosophical Transactions(1760).

[3] Oldham, R.D.(1900), "On the Propagation of Earthquake Motion to Great Distances", Philosophical Transactions of the Royal Society A. 194(252-261).

[4] Oldham, R.D.(1906). "The Constitution of the Interior of the Earth, as Revealed by Earthquakes", Quarterly Journal of the Geological Society. 62(1-4).

3장

[1] Horace Bénédict de Saussure, Voyages dans les Alpes Vol.1 (1779) S. Fauche.

[2] Horace Bénédict de Saussure, Voyages dans les Alpes Vol.2 (1786) Barde, Manget & Compagnie.

[3] Horace Bénédict de Saussure, Voyages dans les Alpes Vol.3 and Vol.4 (1796) L. Fauche-Borel.

[4] Luke Howard, On the Modification of Clouds, (1832) Harvey and Darton.

4장

[1] Léon Philippe Teisserenc de Bort, "Sur les variations de la température de l'air avec l'altitude dans la haute atmosphère"(고층 대기에서의 고도에 따른 기온 변화에 대하여), Comptes Rendus de l'Académie des Sciences de Paris, vol. 134, 1902.

[2] Richard Assmann and Rudolf Scholz, "Die Strahlungstemperatur in der oberen Troposphäre" (대류권 상층의 복사온도에 대하여), Meteorologische Zeitschrift Vol. 19, 1902.

5장

[1] Francis Beaufort, "Karamania, A Brief Description of the

South Coast of Asia-Minor and of the Remains of Antiquity", (1817) R. Hunter.

[2] Robert FitzRoy, "The Weather Book", (1863) Longman, Green, Roberts & Green.

6장

[1] Manabe, Syukuro and Wetherald, Richard T.(1967), "Thermal Equilibrium of the Atmosphere with a Given Distribution of Relative Humidity", Journal of the Atmospheric Sciences. 24 (3). American Meteorological Society.

[2] Hasselmann, Klaus(1976), "Stochastic climate models Part I. Theory", Tellus. 28 (6): 473.

수식에 사용하는 그리스 문자

대문자	소문자	읽기	대문자	소문자	읽기
A	α	알파(alpha)	N	ν	뉴(nu)
B	β	베타(beta)	Ξ	ξ	크시(xi)
Γ	γ	감마(gamma)	O	o	오미크론(omicron)
Δ	δ	델타(delta)	Π	π	파이(pi)
E	ε	엡실론(epsilon)	P	ρ	로(rho)
Z	ζ	제타(zeta)	Σ	σ	시그마(sigma)
H	η	에타(eta)	T	τ	타우(tau)
Θ	θ	세타(theta)	Y	υ	입실론(upsilon)
I	ι	요타(iota)	Φ	φ	피(phi)
K	χ	카파(kappa)	X	χ	키(chi)
Λ	λ	람다(lambda)	Ψ	ψ	프시(psi)
M	μ	뮤(mu)	Ω	ω	오메가(omega)

노벨 물리학상 수상자들을 소개합니다

이 책에 언급된 노벨상 수상자는 이름 앞에 ★로 표시하였습니다.

연도	수상자	수상 이유
1901	빌헬름 콘라트 뢴트겐	그의 이름을 딴 놀라운 광선의 발견으로 그가 제공한 특별한 공헌을 인정하여
1902	헨드릭 안톤 로런츠	복사 현상에 대한 자기의 영향에 대한 연구를 통해 그들이 제공한 탁월한 공헌을 인정하여
	피터르 제이만	
1903	앙투안 앙리 베크렐	자발 방사능 발견으로 그가 제공한 탁월한 공로를 인정하여
	피에르 퀴리	앙리 베크렐 교수가 발견한 방사선 현상에 대한 공동 연구를 통해 그들이 제공한 탁월한 공헌을 인정하여
	마리 퀴리	
1904	존 윌리엄 스트럿 레일리	가장 중요한 기체의 밀도에 대한 조사와 이러한 연구와 관련하여 아르곤을 발견한 공로
1905	필리프 레나르트	음극선에 대한 연구
1906	조지프 존 톰슨	기체에 의한 전기 전도에 대한 이론적이고 실험적인 연구의 큰 장점을 인정하여
1907	앨버트 에이브러햄 마이컬슨	광학 정밀 기기와 그 도움으로 수행된 분광 및 도량형 조사
1908	가브리엘 리프만	간섭 현상을 기반으로 사진적으로 색상을 재현하는 방법
1909	굴리엘모 마르코니	무선 전신 발전에 기여한 공로를 인정받아
	카를 페르디난트 브라운	
1910	요하네스 디데릭 판데르발스	기체와 액체의 상태 방정식에 관한 연구
1911	빌헬름 빈	열복사 법칙에 관한 발견
1912	닐스 구스타프 달렌	등대와 부표를 밝히기 위해 가스 어큐뮬레이터와 함께 사용하기 위한 자동 조절기 발명

연도	수상자	업적
1913	헤이커 카메를링 오너스	특히 액체 헬륨 생산으로 이어진 저온에서의 물질 특성에 대한 연구
1914	막스 폰 라우에	결정에 의한 X선 회절 발견
1915	윌리엄 헨리 브래그 윌리엄 로런스 브래그	X선을 이용한 결정구조 분석에 기여한 공로
1916	수상자 없음	
1917	찰스 글러버 바클라	원소의 특징적인 뢴트겐 복사 발견
1918	막스 플랑크	에너지 양자 발견으로 물리학 발전에 기여한 공로 인정
1919	요하네스 슈타르크	커낼선의 도플러 효과와 전기장에서 분광선의 분할 발견
1920	샤를 에두아르 기욤	니켈강 합금의 이상 현상을 발견하여 물리학의 정밀 측정에 기여한 공로를 인정하여
1921	알베르트 아인슈타인	이론 물리학에 대한 공로, 특히 광전효과 법칙 발견
1922	닐스 보어	원자 구조와 원자에서 방출되는 방사선 연구에 기여
1923	로버트 앤드루스 밀리컨	전기의 기본 전하와 광전효과에 관한 연구
1924	칼 만네 예오리 시그반	X선 분광학 분야에서의 발견과 연구
1925	제임스 프랑크 구스타프 헤르츠	전자가 원자에 미치는 영향을 지배하는 법칙 발견
1926	장 바티스트 페랭	물질의 불연속 구조에 관한 연구, 특히 침전 평형 발견
1927	아서 콤프턴 찰스 톰슨 리스 윌슨	그의 이름을 딴 효과 발견 수증기 응축을 통해 전하를 띤 입자의 경로를 볼 수 있게 만든 방법
1928	오언 윌런스 리처드슨	열전자 현상에 관한 연구, 특히 그의 이름을 딴 법칙 발견
1929	루이 드브로이	전자의 파동성 발견
1930	찬드라세카라 벵카타 라만	빛의 산란에 관한 연구와 그의 이름을 딴 효과 발견
1931	수상자 없음	

노벨 물리학상 수상자 목록

1932	베르너 하이젠베르크	수소의 동소체 형태 발견으로 이어진 양자역학의 창시
1933	에르빈 슈뢰딩거	원자 이론의 새로운 생산적 형태 발견
	폴 디랙	
1934	수상자 없음	
1935	제임스 채드윅	중성자 발견
1936	빅토르 프란츠 헤스	우주 방사선 발견
	칼 데이비드 앤더슨	양전자 발견
1937	클린턴 조지프 데이비슨	결정에 의한 전자의 회절에 대한 실험적 발견
	조지 패짓 톰슨	
1938	엔리코 페르미	중성자 조사에 의해 생성된 새로운 방사성 원소의 존재에 대한 시연 및 이와 관련된 느린중성자에 의한 핵반응 발견
1939	어니스트 로런스	사이클로트론의 발명과 개발, 특히 인공 방사성 원소와 관련하여 얻은 결과
1940	수상자 없음	
1941		
1942		
1943	오토 슈테른	분자선 방법 개발 및 양성자의 자기 모멘트 발견에 기여
1944	이지도어 아이작 라비	원자핵의 자기적 특성을 기록하기 위한 공명 방법
1945	볼프강 파울리	파울리 원리라고도 불리는 배제 원리의 발견
1946	퍼시 윌리엄스 브리지먼	초고압을 발생시키는 장치의 발명과 고압 물리학 분야에서 그가 이룬 발견에 대해
1947	에드워드 빅터 애플턴	대기권 상층부의 물리학 연구, 특히 이른바 애플턴층의 발견
1948	패트릭 메이너드 스튜어트 블래킷	윌슨 구름상자 방법의 개발과 핵물리학 및 우주 방사선 분야에서의 발견
1949	유카와 히데키	핵력에 관한 이론적 연구를 바탕으로 중간자 존재 예측

연도	수상자	업적
1950	세실 프랭크 파월	핵 과정을 연구하는 사진 방법의 개발과 이 방법으로 만들어진 중간자에 관한 발견
1951	존 더글러스 콕크로프트 어니스트 토머스 신턴 월턴	인위적으로 가속된 원자 입자에 의한 원자핵 변환에 대한 선구자적 연구
1952	펠릭스 블로흐 에드워드 밀스 퍼셀	핵자기 정밀 측정을 위한 새로운 방법 개발 및 이와 관련된 발견
1953	프리츠 제르니케	위상차 방법 시연, 특히 위상차 현미경 발명
1954	막스 보른	양자역학의 기초 연구, 특히 파동함수의 통계적 해석
	발터 보테	우연의 일치 방법과 그 방법으로 이루어진 그의 발견
1955	윌리스 유진 램	수소 스펙트럼의 미세 구조에 관한 발견
	폴리카프 쿠시	전자의 자기 모멘트를 정밀하게 측정한 공로
1956	윌리엄 브래드퍼드 쇼클리 존 바딘 월터 하우저 브래튼	반도체 연구 및 트랜지스터 효과 발견
1957	양전닝 리정다오	소립자에 관한 중요한 발견으로 이어진 소위 패리티 법칙에 대한 철저한 조사
1958	파벨 알렉세예비치 체렌코프 일리야 프란크 이고리 탐	체렌코프 효과의 발견과 해석
1959	에밀리오 지노 세그레 오언 체임벌린	반양성자 발견
1960	도널드 아서 글레이저	거품 상자의 발명
1961	로버트 호프스태터	원자핵의 전자 산란에 대한 선구적인 연구와 핵자 구조에 관한 발견
	루돌프 뫼스바워	감마선의 공명 흡수에 관한 연구와 그의 이름을 딴 효과에 대한 발견

연도	수상자	업적
1962	레프 다비도비치 란다우	응집 물질, 특히 액체 헬륨에 대한 선구적인 이론
1963	유진 폴 위그너	원자핵 및 소립자 이론에 대한 공헌, 특히 기본 대칭 원리의 발견 및 적용을 통한 공로
	마리아 괴페르트 메이어	핵 껍질 구조에 관한 발견
	한스 옌센	
1964	니콜라이 바소프	메이저-레이저 원리에 기반한 발진기 및 증폭기의 구성으로 이어진 양자 전자 분야의 기초 작업
	알렉산드르 프로호로프	
	찰스 하드 타운스	
1965	도모나가 신이치로	소립자의 물리학에 심층적인 결과를 가져온 양자전기역학의 근본적인 연구
	줄리언 슈윙거	
	리처드 필립스 파인먼	
1966	알프레드 카스틀레르	원자에서 헤르츠 공명을 연구하기 위한 광학적 방법의 발견 및 개발
1967	한스 알브레히트 베테	핵반응 이론, 특히 별의 에너지 생산에 관한 발견에 기여
1968	루이스 월터 앨버레즈	소립자 물리학에 대한 결정적인 공헌, 특히 수소 기포 챔버 사용 기술 개발과 데이터 분석을 통해 가능해진 다수의 공명 상태 발견
1969	머리 겔만	기본 입자의 분류와 그 상호 작용에 관한 공헌 및 발견
1970	한네스 올로프 예스타 알벤	플라스마 물리학의 다양한 부분에서 유익한 응용을 통해 자기유체역학의 기초 연구 및 발견
	루이 외젠 펠릭스 네엘	고체물리학에서 중요한 응용을 이끈 반강자성 및 강자성에 관한 기초 연구 및 발견
1971	데니스 가보르	홀로그램 방법의 발명 및 개발
1972	존 바딘	일반적으로 BCS 이론이라고 하는 초전도 이론을 공동으로 개발한 공로
	리언 닐 쿠퍼	
	존 로버트 슈리퍼	

연도	수상자	업적
1973	에사키 레오나	반도체와 초전도체의 터널링 현상에 관한 실험적 발견
	이바르 예베르	
	브라이언 데이비드 조지프슨	터널 장벽을 통과하는 초전류 특성, 특히 일반적으로 조지프슨 효과로 알려진 현상에 대한 이론적 예측
1974	마틴 라일	전파 천체물리학의 선구적인 연구: 라일은 특히 개구 합성 기술의 관찰과 발명, 그리고 휴이시는 펄서 발견에 결정적인 역할을 함
	앤터니 휴이시	
1975	오게 닐스 보어	원자핵에서 집단 운동과 입자 운동 사이의 연관성 발견과 이 연관성에 기초한 원자핵 구조 이론 개발
	벤 로위 모텔손	
	제임스 레인워터	
1976	버턴 릭터	새로운 종류의 무거운 기본 입자 발견에 대한 선구적인 작업
	새뮤얼 차오 충 팅	
1977	필립 워런 앤더슨	자기 및 무질서 시스템의 전자 구조에 대한 근본적인 이론적 조사
	네빌 프랜시스 모트	
	존 해즈브룩 밴블렉	
1978	표트르 레오니도비치 카피차	저온 물리학 분야의 기본 발명 및 발견
	아노 앨런 펜지어스	우주 마이크로파 배경 복사의 발견
	로버트 우드로 윌슨	
1979	셸던 리 글래쇼	특히 약한 중성 전류의 예측을 포함하여 기본 입자 사이의 통일된 약한 전자기 상호 작용 이론에 대한 공헌
	압두스 살람	
	스티븐 와인버그	
1980	제임스 왓슨 크로닌	중성 K 중간자의 붕괴에서 기본 대칭 원리 위반 발견
	밸 로그즈던 피치	
1981	니콜라스 블룸베르헌	레이저 분광기 개발에 기여
	아서 레너드 숄로	
	카이 만네 뵈리에 시그반	고해상도 전자 분광기 개발에 기여

연도	수상자	업적
1982	케네스 게디스 윌슨	상전이와 관련된 임계 현상에 대한 이론
1983	수브라마니안 찬드라세카르	별의 구조와 진화에 중요한 물리적 과정에 대한 이론적 연구
	윌리엄 앨프리드 파울러	우주의 화학 원소 형성에 중요한 핵반응에 대한 이론 및 실험적 연구
1984	카를로 루비아	약한 상호 작용의 커뮤니케이터인 필드 입자 W와 Z의 발견으로 이어진 대규모 프로젝트에 결정적인 기여
	시몬 판데르 메이르	
1985	클라우스 폰 클리칭	양자화된 홀 효과의 발견
1986	에른스트 루스카	전자 광학의 기초 작업과 최초의 전자 현미경 설계
	게르트 비니히	스캐닝 터널링 현미경 설계
	하인리히 로러	
1987	요하네스 게오르크 베드노르츠	세라믹 재료의 초전도성 발견에서 중요한 돌파구
	카를 알렉산더 뮐러	
1988	리언 레더먼	뉴트리노 빔 방법과 뮤온 중성미자 발견을 통한 경입자의 이중 구조 증명
	멜빈 슈워츠	
	잭 스타인버거	
1989	노먼 포스터 램지	분리된 진동 필드 방법의 발명과 수소 메이저 및 기타 원자시계에서의 사용
	한스 게오르크 데멜트	이온 트랩 기술 개발
	볼프강 파울	
1990	제롬 프리드먼	입자 물리학에서 쿼크 모델 개발에 매우 중요한 역할을 한 양성자 및 구속된 중성자에 대한 전자의 심층 비탄성 산란에 관한 선구적인 연구
	헨리 웨이 켄들	
	리처드 테일러	
1991	피에르질 드 젠	간단한 시스템에서 질서 현상을 연구하기 위해 개발된 방법을 보다 복잡한 형태의 물질, 특히 액정과 고분자로 일반화할 수 있음을 발견

연도	수상자	업적
1992	조르주 샤르파크	입자 탐지기, 특히 다중 와이어 비례 챔버의 발명 및 개발
1993	러셀 헐스	새로운 유형의 펄서 발견, 중력 연구의 새로운 가능성을 연 발견
	조지프 테일러	
1994	버트럼 브록하우스	중성자 분광기 개발
	클리퍼드 셜	중성자 회절 기술 개발
1995	마틴 펄	타우 렙톤의 발견
	프레더릭 라이너스	중성미자 검출
1996	데이비드 리	헬륨-3의 초유동성 발견
	더글러스 오셔로프	
	로버트 리처드슨	
1997	스티븐 추	레이저 광으로 원자를 냉각하고 가두는 방법 개발
	클로드 코엔타누지	
	윌리엄 필립스	
1998	로버트 로플린	부분적으로 전하를 띤 새로운 형태의 양자 유체 발견
	호르스트 슈퇴르머	
	대니얼 추이	
1999	헤라르뒤스 엇호프트	물리학에서 전기약력 상호작용의 양자 구조 규명
	마르티뉴스 펠트만	
2000	조레스 알표로프	정보 통신 기술에 대한 기초 작업(고속 및 광전자 공학에 사용되는 반도체 이종 구조 개발)
	허버트 크로머	
	잭 킬비	정보 통신 기술에 대한 기초 작업(집적회로 발명에 기여)
2001	에릭 코넬	알칼리 원자의 희석 가스에서 보스-아인슈타인 응축 달성 및 응축 특성에 대한 초기 기초 연구
	칼 위먼	
	볼프강 케테를레	

연도	수상자	공헌
2002	레이먼드 데이비스	천체물리학, 특히 우주 중성미자 검출에 대한 선구적인 공헌
	고시바 마사토시	
	리카르도 자코니	우주 X선 소스의 발견으로 이어진 천체물리학에 대한 선구적인 공헌
2003	알렉세이 아브리코소프	초전도체 및 초유체 이론에 대한 선구적인 공헌
	비탈리 긴즈부르크	
	앤서니 레깃	
2004	데이비드 그로스	강한 상호작용 이론에서 점근적 자유의 발견
	데이비드 폴리처	
	프랭크 윌첵	
2005	로이 글라우버	광학 일관성의 양자 이론에 기여
	존 홀	광 주파수 콤 기술을 포함한 레이저 기반 정밀 분광기 개발에 기여
	테오도어 헨슈	
2006	존 매더	우주 마이크로파 배경 복사의 흑체 형태와 이방성 발견
	조지 스무트	
2007	알베르 페르	자이언트 자기 저항의 발견
	페터 그륀베르크	
2008	난부 요이치로	아원자 물리학에서 자발적인 대칭 깨짐 메커니즘 발견
	고바야시 마코토	자연계에 적어도 세 종류의 쿼크가 존재함을 예측하는 깨진 대칭의 기원 발견
	마스카와 도시히데	
2009	찰스 가오	광 통신을 위한 섬유의 빛 전송에 관한 획기적인 업적
	윌러드 보일	영상 반도체 회로(CCD 센서)의 발명
	조지 엘우드 스미스	
2010	안드레 가임	2차원 물질 그래핀에 관한 획기적인 실험
	콘스탄틴 노보셀로프	

연도	수상자	업적
2011	솔 펄머터 브라이언 슈밋 애덤 리스	원거리 초신성 관측을 통한 우주 가속 팽창 발견
2012	세르주 아로슈 데이비드 와인랜드	개별 양자 시스템의 측정 및 조작을 가능하게 하는 획기적인 실험 방법
2013	프랑수아 앙글레르 피터 힉스	아원자 입자의 질량 기원에 대한 이해에 기여하고 최근 CERN의 대형 하드론 충돌기에서 ATLAS 및 CMS 실험을 통해 예측된 기본 입자의 발견을 통해 확인된 메커니즘의 이론적 발견
2014	아카사키 이사무 아마노 히로시 나카무라 슈지	밝고 에너지 절약형 백색 광원을 가능하게 한 효율적인 청색 발광 다이오드의 발명
2015	가지타 다카아키 아서 맥도널드	중성미자가 질량을 가지고 있음을 보여주는 중성미자 진동 발견
2016	데이비드 사울레스 덩컨 홀데인 마이클 코스털리츠	위상학적 상전이와 물질의 위상학적 위상에 대한 이론적 발견
2017	라이너 바이스 킵 손 배리 배리시	LIGO 탐지기와 중력파 관찰에 결정적인 기여
2018	아서 애슈킨	레이저 물리학 분야의 획기적인 발명(광학 핀셋과 생물학적 시스템에 대한 응용)
2018	제라르 무루 도나 스트리클런드	레이저 물리학 분야의 획기적인 발명(고강도 초단파 광 펄스 생성 방법)
2019	제임스 피블스	우주의 진화와 우주에서 지구의 위치에 대한 이해에 기여(물리 우주론의 이론적 발견)
2019	미셸 마요르 디디에 쿠엘로	우주의 진화와 우주에서 지구의 위치에 대한 이해에 기여(태양형 항성 주위를 공전하는 외계 행성 발견)

연도	수상자	업적
2020	로저 펜로즈	블랙홀 형성이 일반 상대성 이론의 확고한 예측이라는 발견
	라인하르트 겐첼	우리 은하의 중심에 있는 초거대 밀도 물체 발견
	앤드리아 게즈	
2021	★마나베 슈쿠로	복잡한 시스템에 대한 이해에 획기적인 기여(지구 기후의 물리적 모델링, 가변성을 정량화하고 지구 온난화를 안정적으로 예측)
	★클라우스 하셀만	
	조르조 파리시	복잡한 시스템에 대한 이해에 획기적인 기여 (원자에서 행성 규모에 이르는 물리적 시스템의 무질서와 요동의 상호작용 발견)
2022	알랭 아스페	얽힌 광자를 사용한 실험, 벨 불평등 위반 규명 및 양자 정보 과학 개척
	존 클라우저	
	안톤 차일링거	
2023	피에르 아고스티니	물질의 전자 역학 연구를 위해 아토초(100경분의 1초) 빛 펄스를 생성하는 실험 방법 고안
	페렌츠 크러우스	
	안 륄리에	
2024	존 홉필드	인공신경망을 이용해 머신러닝을 가능하게 하는 기초적인 발견과 발명
	제프리 힌턴